MC BASIC Measurement&Control 計測器BASIC

高周波信号解析に役立つ基本操作と応用

スペクトラム・アナライザ入門

高橋 朋仁 著

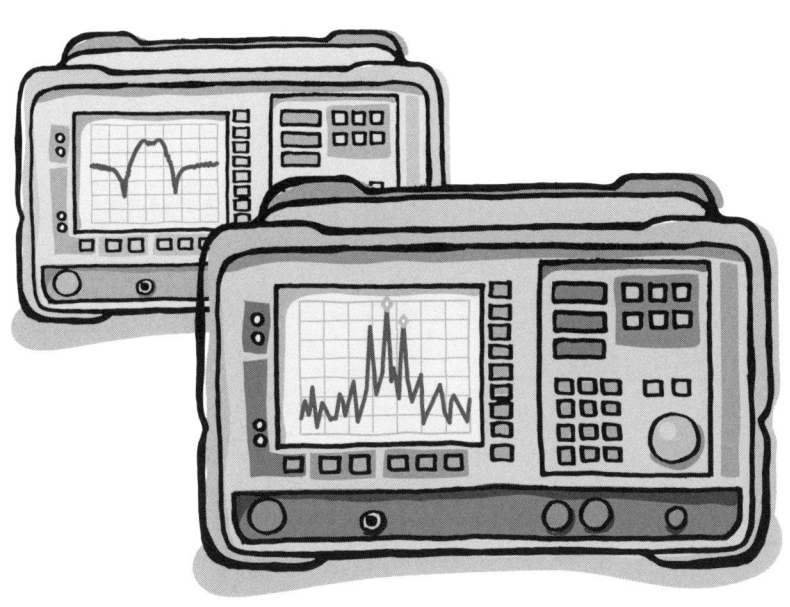

CQ出版社

はじめに

　スペクトラム・アナライザ（通称スペアナ）という測定器をご存じでしょうか？
　測定器としては知らなくても，スペクトラム・アナライザ機能やスペアナ表示といった言葉を耳にしたことがある方は多いと思います．
　スペクトラム・アナライザとは，入力信号に含まれる周波数ごとの強度（レベル）を表示する測定器です．
　オーディオ・コンポやカー・オーディオのスペアナ表示も再生中の音楽に含まれる周波数別のレベルを表示しています．
　スペクトラム・アナライザには音楽や音などの低周波の測定を目的としたものと，無線や携帯電話などの高周波の測定を目的としたものに大別できますが，この本では高周波用スペクトラム・アナライザを中心に解説していきます．
　スペクトラム・アナライザは高価な測定器だというイメージがあります．昨今，無線LANや携帯通信機器，ディジタルTVや無線タグなどインフラとして電波を使用する電子機器が急増し，それに伴ってスペクトラム・アナライザの需要が伸び，以前より価格は下がってきています．数百万円が当たり前だったスペアナも，低価格帯では百万円程度の商品も出てきています．
　また，インターネットやネット・オークションの普及により，個人でも中古のスペクトラム・アナライザの入手が容易になってきたり，オーディオ帯域ではパソコンを使ってスペアナと同様の動作や表示をさせるソフトウェアも出てきています．
　スペクトラム・アナライザの需要は，電波利用機器の増加とともに，今後ますます増大していくと思われます．
　本書がスペクトラム・アナライザを初めて使用する方に，少しでもお役に立てば幸いです．

2006年7月
高橋　朋仁

目 次

はじめに ………………………………………………………… 3

第1章 電気と電波の基礎 …………………………………… 11

直流と交流 ……………………………………………………… 11
直流 ——————————————————————— 11
交流 ——————————————————————— 11

交流と電波 ……………………………………………………… 12
周波数 —————————————————————— 12
電波 ——————————————————————— 12

第2章 オシロスコープとスペクトラム・アナライザ … 15

オシロスコープ ………………………………………………… 15
スペクトラム・アナライザ …………………………………… 16
周波数ドメインとタイム・ドメイン ………………………… 17

第3章 スペクトラム・アナライザの基本原理 ………… 21

スペクトラム・アナライザの方式 …………………………… 21
マルチプル・フィルタ方式 ———————————————— 21
FFT方式 ————————————————————— 21
スーパ・ヘテロダイン方式 ———————————————— 22

スーパ・ヘテロダイン方式の基本的な動作原理 …………… 23
入力アッテネータ ————————————————— 23
入力フィルタ ——————————————————— 24

ミキサ	24
局部発振回路	24
のこぎり波発生器	24
IFフィルタ	25
ログ・アンプ	25
検波器	25
ビデオ・フィルタ	26
ディスプレイ	26
スーパ・ヘテロダイン方式の同調の原理	27
IF周波数(中間周波数)	27

第4章　スペクトラム・アナライザのパネル解説 ……… 31

測定に必要な操作用スイッチ類	32
電源関係とコネクタ	32
機能キー	33
SYSTEMエリアのキー	36
MARKERエリアのキー	36
その他のキーやコネクタ	38
スペクトラム・アナライザ画面	39

第5章　スペクトラム・アナライザの基本操作 ………… 41

基本的操作の手順	41
ヒート・ラン	41
周波数とレベルの設定	41
センタ周波数	42
スパン周波数	43
リファレンス信号を入力に加える	44
画面からの情報の読み取り	45
マーカ機能	46

マーカの便利な機能 ··· 47
   デルタ・マーカ ──────────────────── 47
   ピーク・サーチ（Peak Search）──────────── 47
   Marker→ ────────────────────── 48
分解能帯域幅(RBW)について ······································· 48
周波数の測定 ··· 49

第6章　測定 ··· 51

入力信号レベル範囲 ──────────────── 51
警告──過大入力は絶対禁止 ─────────── 51
スペクトラムのレベルと周波数の測定 ·························· 52
   機器のセットアップ ─────────────── 52
   周波数がわかっている単一信号の測定 ────── 53
   周波数のわからない単一信号の測定 ─────── 55
送信機のスプリアス測定 ·· 59
   機器のセットアップ ─────────────── 59
   高調波とスプリアスの測定 ─────────── 59
   近接スプリアスの測定 ────────────── 62
   スプリアス測定時の注意 ──────────── 63
AM変調度の測定 ·· 64
   縦軸ログ・スケールでの測定方法 ────────── 64
   2次の変調ひずみの測定 ─────────── 65
   縦軸リニア・スケールでの測定 ──────── 66
   ゼロ・スパンを使用した測定 ──────────── 67
SSB送信機のIMDの測定 ·· 70
   測定方法 ───────────────────── 70
占有周波数帯域幅の測定 ·· 72
   測定方法 ───────────────────── 73

第7章　トラッキング・ジェネレータを使用した測定 ··· 75

トラッキング・ジェネレータとは ·················· 75
- 測定前に必要なノーマライズ ──────────── 75
- ノーマライズ方法 ──────────────── 76
- 同軸ケーブルの周波数特性と減衰量の測定 ─────── 78
- ローパス・フィルタなどの周波数特性の測定 ────── 80
- リターン・ロスの測定 ─────────────── 82
- アンプの周波数特性の測定 ──────────── 84
トラッキング・ジェネレータを使用せずに周波数特性を測定する ····· 87

第8章　スペクトラム・アナライザの性能と誤差要因 ··· 91

スペクトラム・アナライザの性能 ··················· 91
- スペクトラム・アナライザの感度 ─────────── 91
- ダイナミック・レンジ ─────────────── 91
- 入力インピーダンス ─────────────── 92
誤差要因 ································ 92
- 周波数測定確度 ────────────────── 92
- 振幅測定確度 ─────────────────── 93

第9章　アクセサリ ·························· 95

- アッテネータ ──────────────────── 95
- プリアンプ ───────────────────── 95
- 同軸終端器(ダミー・ロード) ──────────── 96
- FETプローブ ──────────────────── 96
- パワー・コンバイナ(power combiner) ─────── 96
- カプラ(coupler) ─────────────────── 96
- リターン・ロス・ブリッジ ─────────────── 97

ツートーン・ジェネレータ —————————— 97
各種変換コネクタ —————————————— 97
計測用ケーブル ——————————————— 97
自作できるアクセサリ･････････････････････････････････97
ステップ・アッテネータ ————————————— 98
同軸終端器(ターミネータ) ————————————— 99
ハイブリッド・コンバイナ ————————————— 100
カプラ(coupler) ——————————————— 100
リターン・ロス・ブリッジ ————————————— 102

Appendix ･･････････････････････････････････････105

ミキサ(mixer)･･･････････････････････････････････105
フィルタ･･106
IFフィルタ･･････････････････････････････････････107
dB(デシベル)とは･･････････････････････････････108
dBmとdBμ ————————————————— 108
インピーダンス･･････････････････････････････････109
VSWR(Voltage Standing Wave Ratio)･･････････110
高周波用コネクタ･･･････････････････････････････111
N型コネクタ ————————————————— 112
M型コネクタ ————————————————— 112
F型コネクタ ————————————————— 112
BNC型コネクタ ———————————————— 112
SMA型コネクタ ———————————————— 112
測定器の校正･････････････････････････････････････112
スペクトラム・アナライザの周波数設定･････････････113
センタ周波数と周波数スパン ————————————— 113
スタート周波数とストップ周波数 ————————————— 113
スペクトラム・アナライザの入手方法･･･････････････113
トラッキング・ジェネレータもほしい場合は ——————————— 114

分解能帯域幅(Resolution Band Width：RBW)・・・・・・・・・・・・・・・・・・114
ノイズ・フィギュア・・116

スペクトラム・アナライザ用語集・・・・・・・・・・・・・・・・・・・・・117

索引・・・130
著者紹介・・135

第1章
電気と電波の基礎

本題のスペクトラム・アナライザの話に入る前に，ごく初歩的な交流や電波のお話をしてみましょう．スペクトラム・アナライザで測定しようとする信号の基礎編です．スペクトラム・アナライザをこれから使ってみようという貴方にとっては，釈迦に説法かもしれません．

直流と交流

電流の種類には直流と交流があります．

●直流

直流は図1.1に示すように，時間の経過にかかわらず，常に＋と－が一定の電流です．
乾電池や車のバッテリ，今話題の燃料電池などの化学的に作り出す電気は直流です．電熱器やモータなどといったもの以外の電子機器は，基本的に直流で動作するものがほとんどです．

●交流

交流は，図1.2のような時間の経過に合わせて，周期的に電流の方向が変わる電流です．
交流の電圧は，0から正の方向に増加していき，最大点に達すると，再び0に向かって減少し，その後－（マイナス）の最小点まで減少すると，また0に向かって増加を始めます．
交流は，発電が簡単で変圧器（トランス）により容易に電圧を変えることができ，簡単な回路で交流から直流に変換できるため，電灯線や動力線として広く供給されています．一般家庭のコンセントには正弦波と呼ばれる，電圧100 Vの交流が電力会社より供給されています．

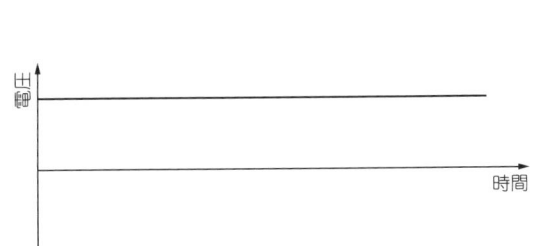

図1.1　直流の電圧と時間の関係

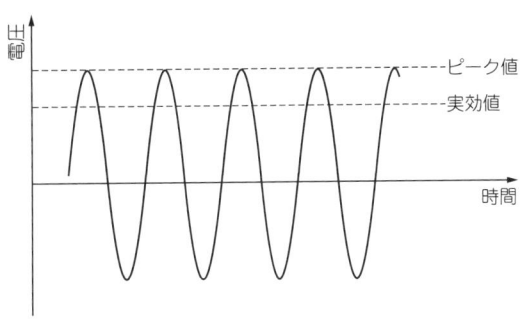

図1.2　交流の電圧と時間の関係

家庭用電灯線コンセントに接続して使用するほとんどの電化製品は，内部で供給電圧の100 Vを直流に変換しています．

また，電化製品によく付属してくるACアダプタは，一般家庭に供給されている100 Vの交流から，機器に必要な電圧を直流に変換するためのものです．

交流と電波

● 周波数

周波数は，1秒間に交流の電流の向きが変わる回数を表しています(**図1.3**)．

基本の単位はヘルツ(Hz)を使用し，補助単位(正式にはSI接頭語)として，

キロヘルツ(k)Hz = 1,000 Hz
メガヘルツ(M)Hz = 1,000,000 Hz (1,000 kHz)
ギガヘルツ(G)Hz = 1,000,000,000 Hz (1,000 MHz)

が使用されています．これ以上もテラ(T)，ペタ(P)…と続きますが，スペクトラム・アナライザで扱う信号のほとんどは，単なるヘルツとキロヘルツ，メガヘルツ，ギガヘルツの単位です．

家庭用電灯線では，西日本は1秒間に60回向きが変わるので60 Hz，東日本では50 Hzです．携帯電話で使用される800 MHzは1秒間に8億回向きが変わります．

● 電波

電波は電磁波の一種で，高い周波数の交流電流が流れると，空間に発生します．電磁波のうち，無線通信などに使われるものを意味する言葉です．

電磁波には電波のほかにもわれわれの目で見ることができる可視光線やレントゲンなどのX線，赤外線なども含まれます．

日本の電波法では，3000ギガヘルツ(3000 GHz = 3 THz)までが電波と定められています(**表1.1**)．

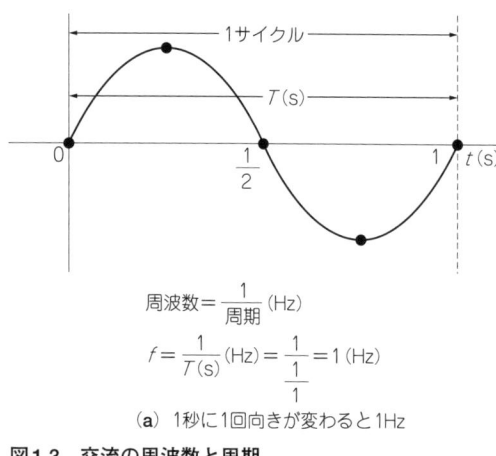

(a) 1秒に1回向きが変わると1Hz

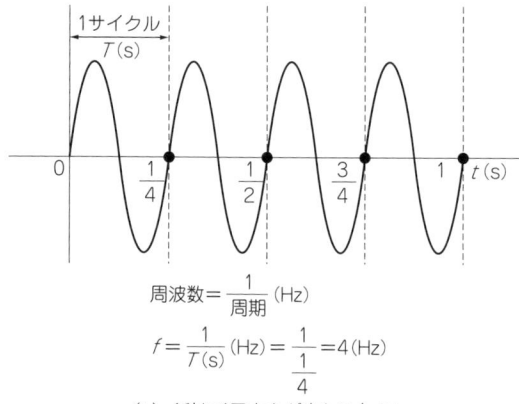

(b) 1秒に4回向きが変わると4Hz

図1.3 交流の周波数と周期

表1.1　電波の種類

周波数	波長	呼び名	用途など
30 kHz 以下	10 km 以上	超長波(VLF)	電波時計
30 〜 300 kHz	1 〜 10 km	長波(LF)	長波放送、潜水艦との通信
300 kHz 〜 3 MHz	100 m 〜 1 km	中波(MF)	ラジオ放送
3 〜 30 MHz	10 〜 100 m	短波(HF)	海外向けラジオ放送
30 〜 300 MHz	1 〜 10 m	超短波(VHF)	テレビ
300 MHz 〜 3 GHz	0.1 〜 1 m	極超短波(UHF)	テレビ，携帯電話，無線LAN
3 〜 30 GHz	0.01 〜 0.1 m	センチ波(SHF)	衛星放送，レーダ
30 〜 300 GHz	0.001 〜 0.01 m	ミリ波(EHF)	車載レーダ
300 GHz 〜 3 THz	0.0001 〜 0.001 m	サブミリ波/遠赤外線	−
3 〜 370 THz	810 nm 〜 0.0001 m	赤外線	加熱
370 〜 790 THz	380 〜 810 nm	可視光	−
790 THz 〜 30 PHz	10 〜 380 nm	紫外線	殺菌
30 PHz 〜 300 EHz	0.001 〜 10 nm	X線	レントゲンなど
3 EHz 以上	0.1 nm 以下	γ線	放射線

k(キロ)，M(メガ)，G(ギガ)，T(テラ)，P(ペタ)，E(エクサ)

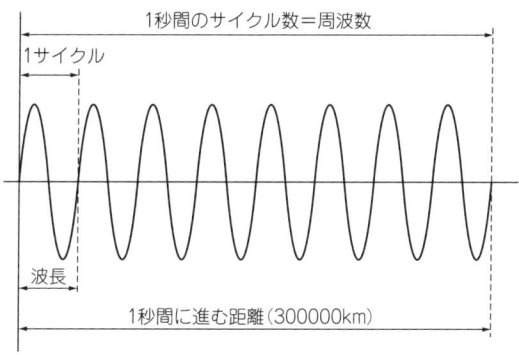

図1.4　周波数と波長

電波は交流の一種なので，ゼロから始まって上がって下がり，マイナスになって，また上がってゼロに戻ってきます．

図1.4に示すように1秒間に上記のサイクルを繰り返す回数を周波数，1サイクルにかかる時間と電波の速度から求められる長さを波長と呼びます．

電波の速度は一定で，光と同じ秒速30万kmです．そこで波長は，

波長［m］= 300000000 ÷ 周波数［Hz］

で求められます．

波長は1サイクルの長さなので，周波数が高くなるほど短くなります．

第2章
オシロスコープとスペクトラム・アナライザ

画面に電気信号の波形を表示する測定器として，オシロスコープは一般的に普及しています．

スペクトラム・アナライザも，画面に信号の波形を示す測定器です．ここでは，オシロスコープとスペクトラム・アナライザのどこが違うのかについて解説します．

オシロスコープ

電気信号を観測する測定器にオシロスコープがあります(**写真2.1**)．

オシロスコープとは，電圧(振幅)の時間変化を表示する測定器で，ディスプレイの縦軸は電圧，横軸は時間を表します(**画面2.1**)．

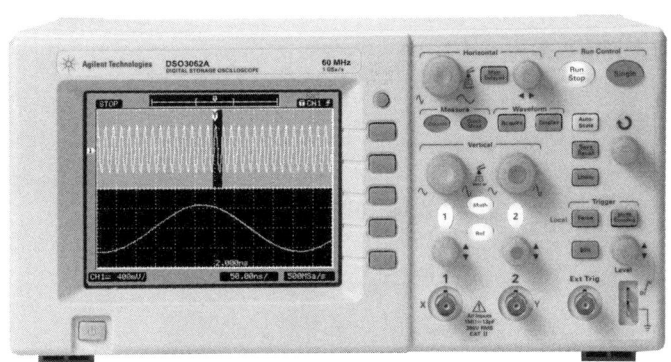

写真2.1　オシロスコープの外観

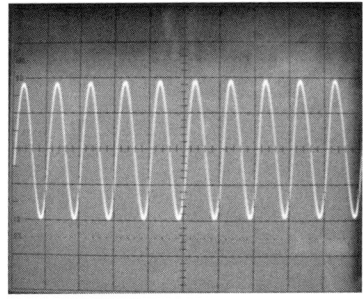

画面2.1　オシロスコープの表示画面

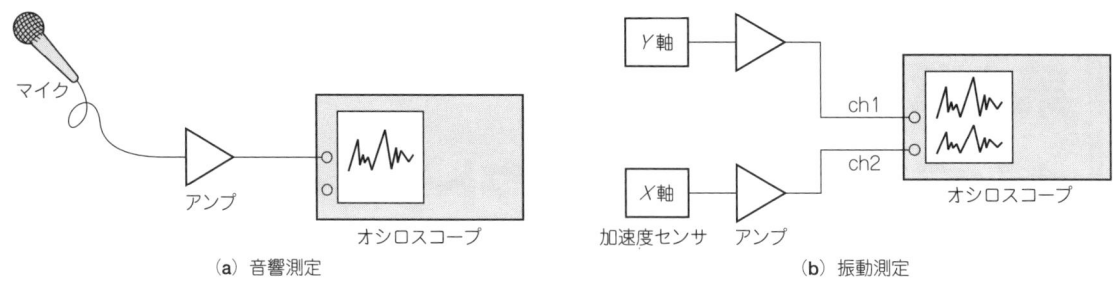

図2.1 オシロスコープの活用

　オシロスコープは電圧を測定する測定器ですが，測定対象の現象を電圧に変換することによりさまざまな現象を測定することができるため，多くの分野で使用されています(**図2.1**)．
　しかし，入力信号に複数の周波数成分が含まれている場合，オシロスコープではまとめて表示されるために，期待する測定結果が得られない場合があります．

スペクトラム・アナライザ

　スペクトラム・アナライザにもディスプレイがあり，オシロスコープと似た外見をしています(**写真2.2**)．
　スペクトラム・アナライザは，入力された信号を周波数別に分解し，周波数別の信号レベルを表示する測定器で，縦軸は信号成分の大きさを表示します．
　オシロスコープとの最大の違いは，ディスプレイの横軸がオシロスコープでは時間なのに対して，スペクトラム・アナライザでは周波数になっていることです(**画面2.2**)．
　このため，オシロスコープはタイム・ドメイン(時間ドメイン)の測定器，スペクトラム・アナライザは周波数ドメインの測定器と呼ばれています．

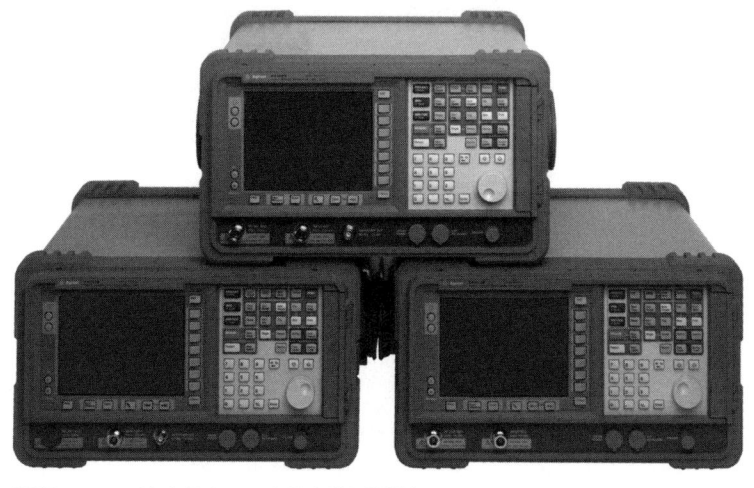

写真2.2　スペクトラム・アナライザの外観(アジレント・テクノロジーESA-Lシリーズ)

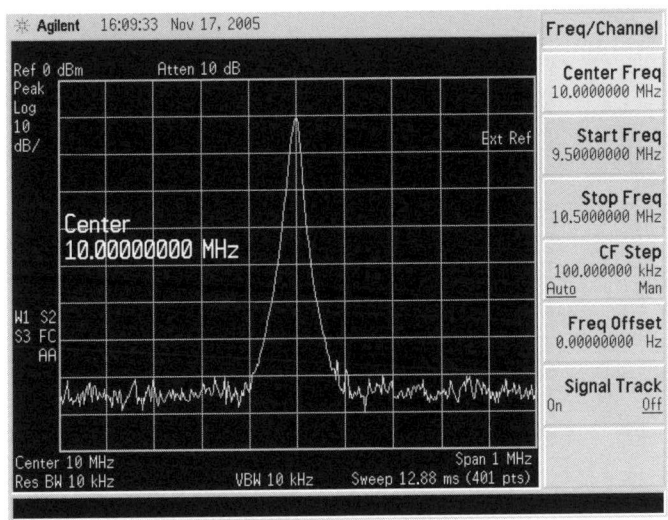

画面2.2　スペクトラム・アナライザの表示画面

スペクトラム・アナライザは，以下のような測定を行うことができます．
・信号の電力レベルと周波数
・変調の周波数と変調度
・単側波帯の搬送波抑圧比
・信号の高調波
・ひずみ，スプリアス
・雑音，EMI
・トラッキング・ジェネレータを併用した被測定物の周波数特性

周波数ドメインとタイム・ドメイン

　ところで，なぜ周波数ドメインでスペクトラムを解析するのでしょうか？
　フーリエ変換の発見者フーリエの理論では，タイム・ドメインの任意の信号は，さまざまな周波数の正弦波の組み合わせで成り立っています．
　すなわち，タイム・ドメインの信号は，対応する周波数ドメインの信号に変換することができます．
　タイム・ドメインの信号を周波数ドメインの信号に変換すると，それぞれの周波数にどれくらいのエネルギーが存在するかを観測することができます．
　正弦波は，振幅と位相で記述され，周期Tの繰り返し波形は，$1/T$の基本周波数の高調波に展開されます．
　図2.2にタイム・ドメインと周波数ドメインの関係図を，**画面2.3**にタイム・ドメインであるオシロスコープの画面を，**画面2.4**に周波数ドメインのスペクトラム・アナライザによる実際の表示画面を示します．
　周波数ドメインの解析には，周波数，振幅，位相情報を必要とする場合があり，このような解析を

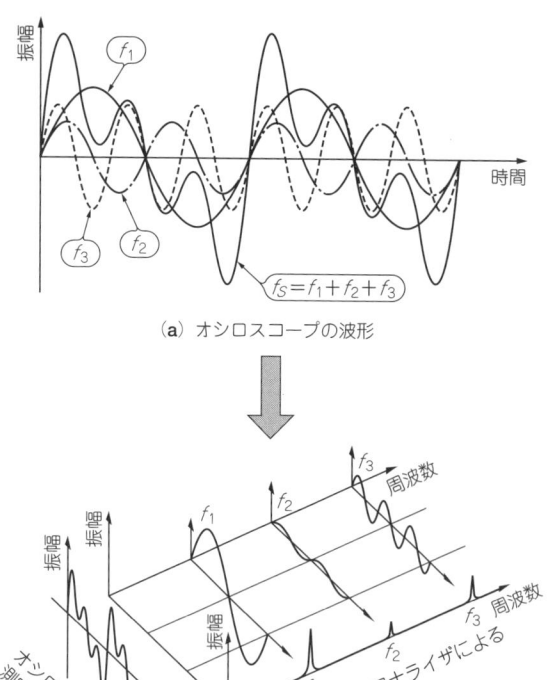

(a) オシロスコープの波形

(b) スペクトラム・アナライザの波形

図2.2 オシロスコープとスペクトラム・アナライザの表示の違い

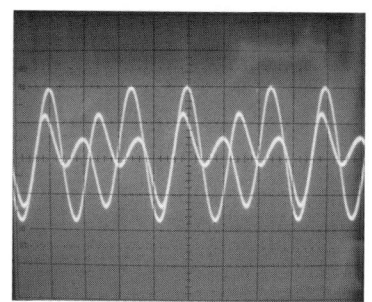

画面2.3 横軸が時間のタイム・ドメインの表示(オシロスコープ)

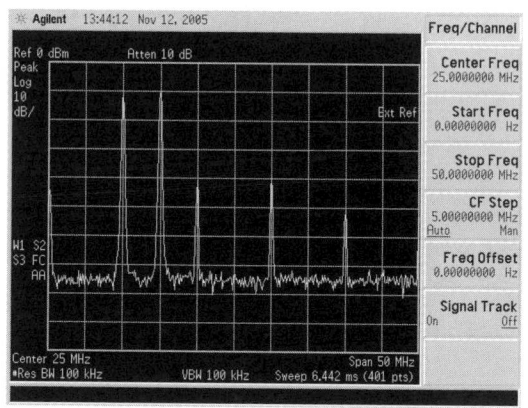

画面2.4 横軸が周波数の周波数ドメインの表示(スペクトラム・アナライザ)

ベクトル信号解析と呼び,ネットワーク・アナライザと呼ばれる測定器が使用されます.

ただ,通常の周波数ドメイン解析には,位相情報を知る必要がないことが多く,このような周波数と振幅のみで行う解析をスペクトラム解析と呼び,本書で解説するスペクトラム・アナライザはそのために使用されます.

しかし,周波数ドメインでの測定を行えば,タイム・ドメインでの測定は不要になることはありません.タイム・ドメインが適している測定は多く存在しますし,タイム・ドメインでしか行えない測定も存在します.ディジタル回路で多用する,パルスの立ち上がり・立ち下がりやチャタリングなどの測定,のこぎり波の波形の直線性などは,タイム・ドメインでの測定が向いています.

ですから,スペクトラム・アナライザがあればオシロスコープが不要というわけではありません.

周波数ドメインでの測定は,電波を使用する無線通信の分野では欠かせません.

電波を発射する機器は,他の通信などに影響を与えないように,電波法で高調波やスプリアス,占有帯域など厳しく指定されています.これらが用件を満たしているかを測定するには,周波数ドメインでの測定が不可欠です.

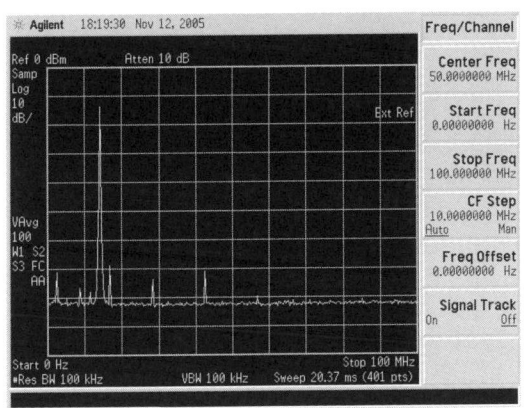
画面2.5　スプリアス測定

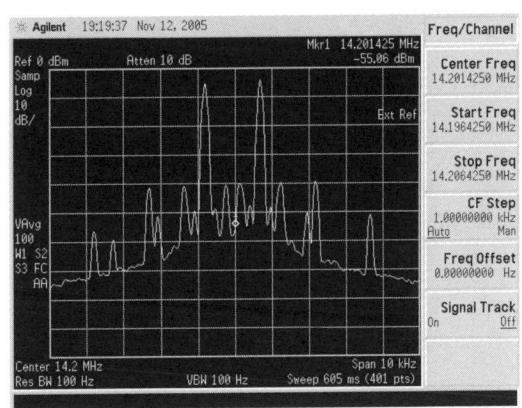
画面2.6　IMD測定

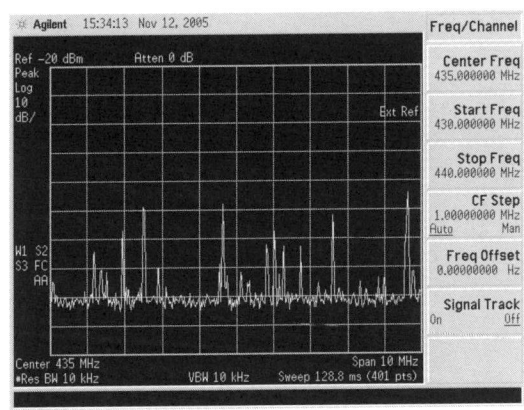
画面2.7　バンド・モニタ

　周波数ドメインのもう一つの用途は周波数のモニタリングです．
　電波は有限の資源のため，使用目的や用途に合わせて，周波数帯が政府機関より割り当てられています．通信が割り当てられた周波数と帯域で行われているかをモニタするためにもスペクトラム・アナライザが使用されています．
　その他，通常の受信機では観測しにくいノイズや電磁波障害(EMI)の測定などにも活用され，EMI測定用の機能が内蔵されているスペクトラム・アナライザも存在します．
　画面2.5〜画面2.7にスペクトラム・アナライザを使用した代表的な測定例を示します．

第3章
スペクトラム・アナライザの基本原理

　ここではスペクトラム・アナライザの動作原理を説明します．動作原理を知っておくことで測定中に起こる疑問が解消されることもあるので，ある程度理解しておくことは必要です．

スペクトラム・アナライザの方式

　入力信号を周波数ごとに分解する方法は，過去いくつか検討されてきました．その主なものを紹介してみましょう．

● マルチプル・フィルタ方式

　図3.1のように，通過周波数の異なるバンドパス・フィルタを，観測する周波数範囲に並べることで周波数ごとに分解する手法です．

　リアルタイム性がありますが，周波数の可変が困難で分解性能を上げようとすると精度の高いフィルタを多数用意する必要があるために，オーディオ帯域（ミニコンポなどのグラフィック・イコライザやスペアナ機能）などで使われています．

● FFT方式

　マルチプル・フィルタ方式は，多数のフィルタを必要とするために，アナログ回路で汎用的なスペクトラム・アナライザを構成するのは困難です．

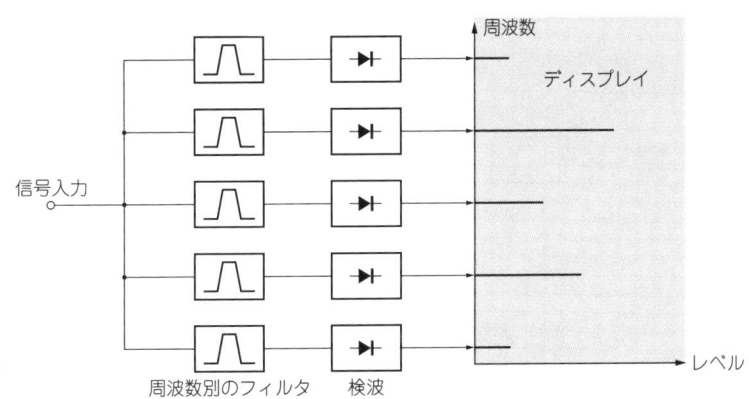

図3.1　マルチプル・フィルタ方式のスペクトラム・アナライザの構成

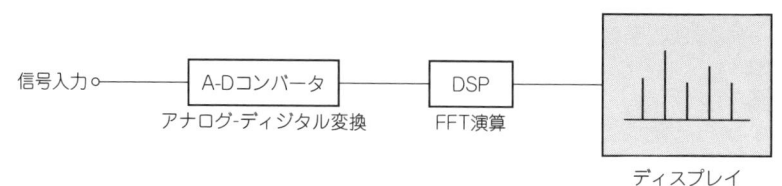

図3.2 FFT方式のスペクトラム・アナライザの構成

　そこで，ディジタル技術を使用して等価的にマルチプル・フィルタ方式を実現するために考えられたのが，図3.2に示すFFT方式です．入力信号をA-Dコンバータでディジタル信号に変換し，FFT (Fast Fourier Transform) という計算を行うことで，入力信号を周波数ごとの振幅に分解します．そのため，この方式を採用しているスペクトラム・アナライザはFFTアナライザとも呼ばれます．

　フィルタ方式と同じくリアルタイム性があり，突発現象の解析や振動解析などに多用されています．

　また振幅だけではなく，位相の測定も可能で，まとまった時間範囲のデータを内部に記憶しているために，掃引方式では難しいデータの取り込み後にさらに詳しく解析することも可能です．

　欠点は，次項で説明するスーパ・ヘテロダイン方式と比較して，周波数範囲や感度，ダイナミック・レンジが制限されることです．

　このFFTアナライザは，現状では一般的に，40 MHzぐらいまでの信号解析に使用されています．しかし，今後は通信や放送のディジタル化，高速データ通信などでリアルタイム性に近い高速性も求められ，半導体の性能向上は目を見張るものがあるため，今以上にFFT方式のアナライザが，その特長を活かして使われていくのではないかと思われます．

●スーパ・ヘテロダイン方式

　現在高周波帯域のスペクトラム・アナライザの主流はスーパ・ヘテロダイン方式です．

　スーパ・ヘテロダインとは，ミキサを使用して入力信号と局部発振器の信号を混合し，両方の信号の周波数差を中間周波数に変換する方式です．スーパとはスーパ・オーディオ周波数，可聴範囲を超える周波数のことで，ヘテロダインとは混合という意味です．

　変換後の中間周波数は一定なので，フィルタの同調周波数は固定でよく，局部発振周波数を変化させることにより，フィルタの同調周波数を変化させることと等価な働きをさせる方式です．

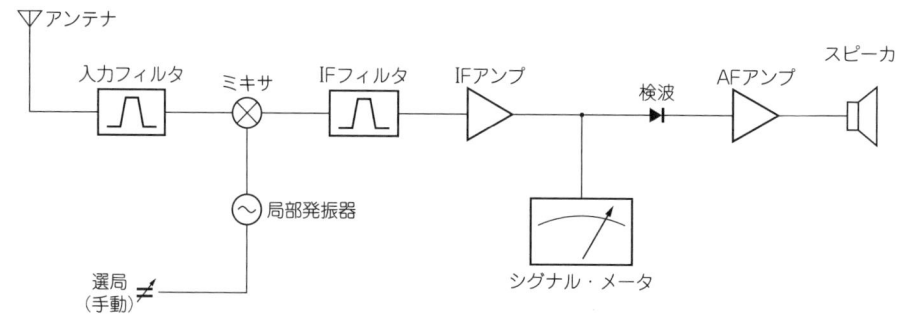

図3.3　スーパ・ヘテロダイン受信機の構成

フィルタが一つですむために，マルチプル・フィルタ方式と比較して，小型可が可能ですし，周波数変換を行うので測定周波数帯域を広げることが可能です．

じつはスーパ・ヘテロダイン方式のスペクトラム・アナライザは一種の受信機で，機種によっては音声検波回路を内蔵して信号を復調できるものもあります．図3.3にスーパ・ヘテロダイン方式受信機のブロック図を示します．

通常の受信機で，受信周波数を少しずつ上げながら周波数を横軸に，シグナル・メータの値を縦軸にグラフ用紙にトレースしていくと，周波数別信号のレベルのグラフが完成します．

スーパ・ヘテロダイン方式のスペクトラム・アナライザは，上記の作業を正確に細かく自動的に行う測定器です．

欠点は，測定周波数を時間的に変化させるために，時間単位でみると1周波数しか観測できないため，リアルタイム性がないことです．原理上，0 Hz（DC成分）を観測することはできません．

スーパ・ヘテロダイン方式の基本的な動作原理

図3.4にスーパ・ヘテロダイン方式のスペクトラム・アナライザのブロック図を示します．入力された信号は，抵抗のネットワークで組まれたアッテネータ（減衰器）と入力フィルタを通り，ミキサでIF周波数（中間周波数）に変換されます．

IF周波数に変換された信号は，分解能可変フィルタで信号分離を行った後，検波器により検波され，ログ・アンプで対数化されディスプレイのY軸に表示されます．

次にスーパ・ヘテロダイン方式のスペクトラム・アナライザを構成する個々の回路を解説します．

● 入力アッテネータ

入力された信号は，まず入力アッテネータに入ります．

基本的には，抵抗器のネットワークで組まれていて，ミキサ以降に過大な電力がかからないように信号を減衰させます．

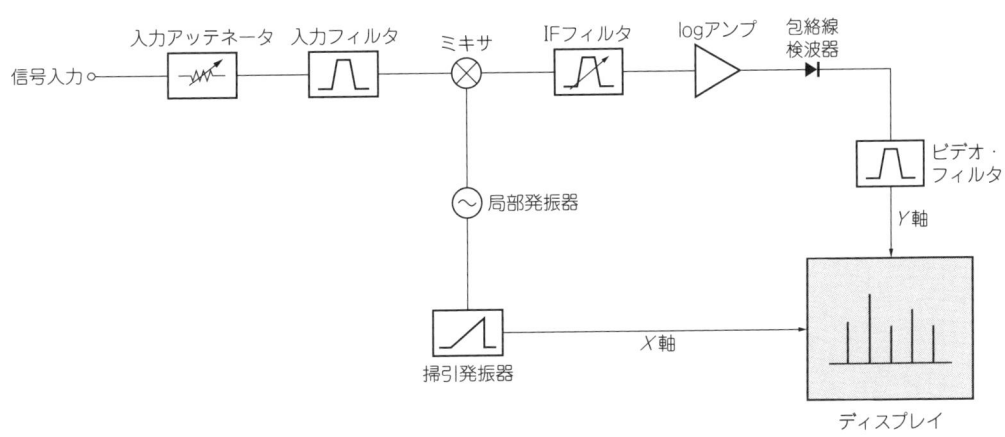

図3.4　スペクトラム・アナライザの構成

また，強大な電力が加わった際にはアッテネータを損傷させて，以降の回路を保護する保護回路の役目も果たします．

アッテネータの前には，直流成分をカットするためのコンデンサ（ブロッキング・キャパシタ）が接続されています．

コンデンサは直流や低い周波数の信号は通さないため，スペクトラム・アナライザの測定下限周波数はブロッキング・キャパシタで制限されます．

● 入力フィルタ

測定周波数以外の信号も同時にミキサに加わると局部発振信号と混合され不要な信号を生成することになり，これを防ぐために入力フィルタが必要です．

一般的には，低い周波数はローパス・フィルタが，高い周波数やマイクロ波では中心周波数可変バンドパス・フィルタ（プリセレクタ）が採用されています．

● ミキサ

信号は，ミキサで局部発振回路からの信号と混合されて，IF周波数に変換されます．

● 局部発振回路

局部発振回路は，計測する周波数をIF周波数に変換するために，入力周波数＋IF周波数，もしくは入力周波数－IF周波数を発振します．

発振回路には図3.5のような，出力周波数が入力電圧に比例する特性の，VCO（Voltage Controlled Oscillator）という回路が使われています．

● のこぎり波発生器

のこぎり波とは，図3.6のように時間に比例して一定時間電圧が上昇する波形です．波形がのこぎりの刃のように見えることから，このように呼ばれます．

VCOにのこぎり波を加えることで，発振周波数を時間変化させるとともに，ディスプレイのX軸も駆動します．

受信機に例えると，周波数ダイヤルを動かす作業にあたります．

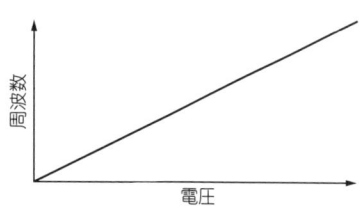

図3.5　電圧制御発振器（VCO）の特性

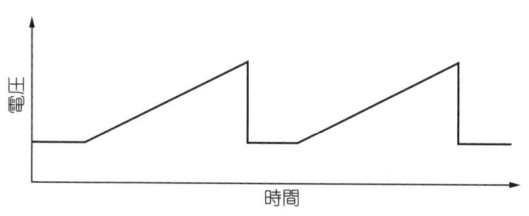

図3.6　のこぎり波発振器の発振波形

● IFフィルタ

中心周波数がIF周波数固定の分解能可変フィルタで，このフィルタにより分解能帯域幅（RBW：Resolution Band Width）が決定します．

分解能帯域幅は，スペクトラム・アナライザではもっともよく使われる機能です．そのためIFフィルタは，スペクトラム・アナライザの性能を左右する重要な回路です．

● ログ・アンプ

IFフィルタで分離された信号は，対数表示のためにログ・アンプで対数に変換されます．

● 検波器

対数化された信号をDC成分として検波します．

基本的には，ダイオードとローパス・フィルタを組み合わせた，包絡線検波回路が使用されます（図3.7）．

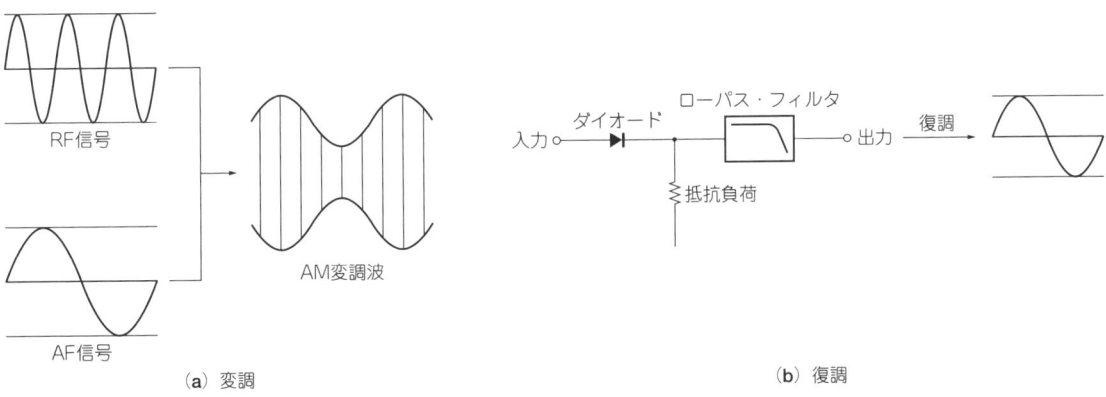

（a）変調 　　　　　　　　　　　　　　　　　　　　　　（b）復調

図3.7　包絡線検波

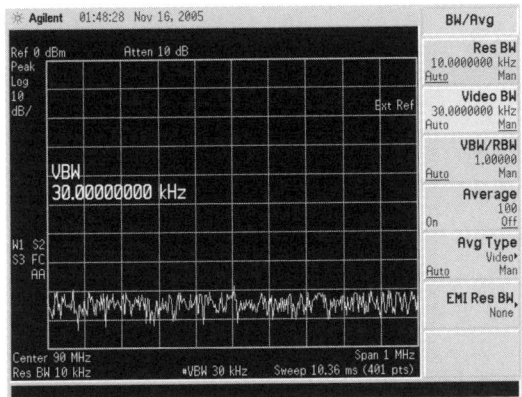

画面3.1　VBWの帯域を30 kHzに取った検波信号

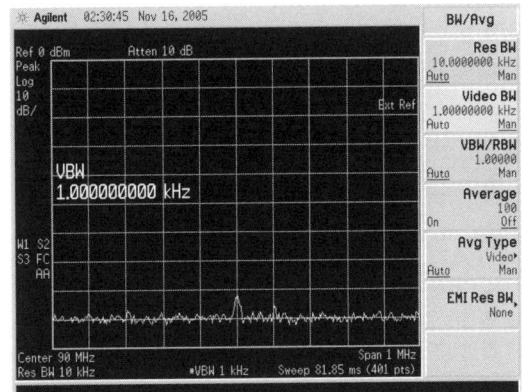

画面3.2　VBWを狭くしスムージングされた信号波形

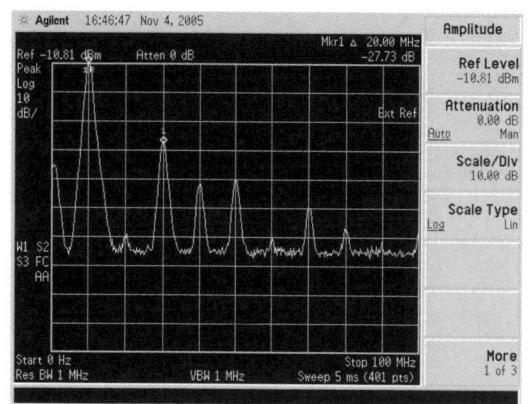
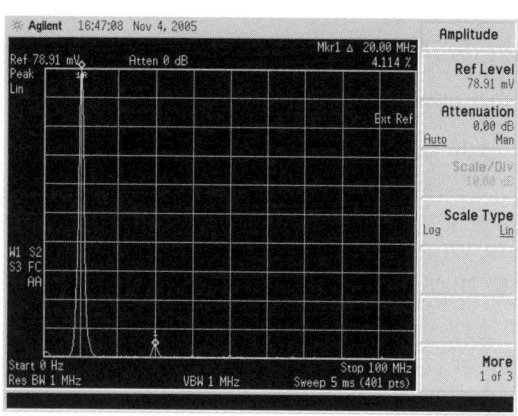

画面3.3　よく使われる縦軸対数スケールの画面表示　　画面3.4　縦軸が直線スケールの画面表示

AM/FMの音声検波回路を備える機種もあります．

● ビデオ・フィルタ

　検波後の信号は，ローパス・フィルタを通ることにより，スムージングされます．このフィルタをビデオ・フィルタと呼び，この帯域はスペクトラム・アナライザのVBW（Video Band Width）機能で変化させることができます．

　画面3.1の信号をIFフィルタの帯域（VBW）より狭くすると，IFフィルタを通過した早いレベルの変動に追従できないために，**画面3.2**のように結果的にスムージングが実現されます．

● ディスプレイ

　ディスプレイは，縦軸が10もしくは8に分割され，横軸は10に分割された格子状の目盛りをもっています．

　以前はブラウン管が主流でしたが，現在は液晶パネルが使用されています．

　縦軸の1目盛りは振幅で構成されています．電圧表示の直線スケールと，dB目盛りの対数スケールが選択できますが，振幅の差が大きくても，表示可能な対数スケールが多く使用されます（**画面3.3**，**画面3.4**）．振幅の基準は格子線の一番上のラインになります．

　横軸は周波数に対して，左から右に増加するように直線的に構成されています．表示される周波数範囲は左端がスタート周波数，右端がエンド周波数，中央がセンタ周波数で設定され，スタート周波数とエンド周波数の差をスパン周波数と呼びます．

　スーパ・ヘテロダイン方式では，掃引しながら信号を表示するために，あるポイントの表示は一瞬です．しかし，掃引速度が遅い場合にはつながった波形にならないため，以前は一度フォーカスすると，しばらく光っている残光式ブラウン管が使用されていました．最近ではディジタル技術でメモリが使用できるようになり，表示データは掃引のタイミングでメモリに記憶され，一括で表示するようになりました．

　実際のスペクトラム・アナライザは，高性能を実現するため，複数回の周波数変換を行う複雑なものになっています．また，最新のスペクトラム・アナライザでは，中間周波数に変換後はディジタイ

ズされ，以降の処理はディジタル信号処理(DSP)が行うようになっています．

スーパ・ヘテロダイン方式の同調の原理

　スーパ・ヘテロダイン方式では，どのようにして目的信号に同調するのでしょうか？スーパ・ヘテロダイン方式のAMラジオを参考に解説しましょう．

　図3.8のように，スーパ・ヘテロダイン方式のラジオは，アンテナからミキサまでと，ミキサからスピーカまでの，大きな二つのブロックに分けることができます．

　ミキサまでの前段をコンバータ部分，ミキサ以降をレシーバ部分と呼びます．

　コンバータ部分は，受信信号をIF周波数に変換します．一般的なAMラジオのIF周波数は455 kHzのため，コンバータ部ではAMラジオ放送の530〜1600 kHzの信号を455 kHzに変換する必要があります．

　そのために，周波数可変の局部発振回路と，周波数混合のためのミキサを使用します．局部発振回路は，つねに受信周波数よりもIF周波数分（455 kHz分）高い985〜2055 kHzの信号を発振します．

　アンテナから入ってきた信号は，ミキサで局部発振周波数と混合され，455 kHzに変換されます．局部発振周波数は受信範囲よりもつねにIF周波数分高いため，局部発振周波数を変化させることで531〜1602 kHzの範囲の信号を455 kHzに変換することができます．

　レシーバ部分は，受信周波数がIF周波数固定の受信機です．

　周波数が一定のため，IFアンプは安定した増幅が可能になりますし，帯域が狭く選択度の良いフィルタが利用できます．また，コンバータ部分を切り替えることにより，他の周波数帯の受信にも簡単に対応できます．

　スーパ・ヘテロダイン方式は構造が複雑になり，IF周波数＋局部発振周波数の信号も受信してしまうイメージ受信や，IF周波数と同じ信号が受信される，IFの通り抜けなどの欠点もありますが，受信機としてのメリットのほうが多いために，受信機やスペクトラム・アナライザなどの電波を受信する機器のほとんどが，スーパ・ヘテロダイン方式を採用しています．

●IF周波数（中間周波数）

　スーパ・ヘテロダイン方式のミキサ以降は，IF周波数固定の受信機だと書きました．ということは，

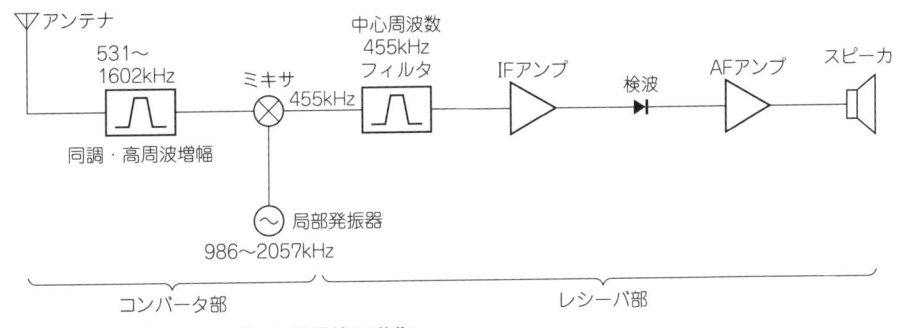

図3.8　スーパ・ヘテロダイン受信機の動作

設定したIF周波数に強力な信号が存在すると，選局ダイヤル（局部発振周波数）に関係なく，受信してしまうIF通り抜けやIF妨害と呼ばれる問題が発生します．

例えば，AMラジオのIF周波数を666 kHzに設定すると，666 kHzに放送局が存在する場合には，どの周波数を受信しても666 kHzの放送が混信して聞こえてしまいます．AMラジオのように，受信範囲が狭ければ逃げ道は多いのですが，スペクトラム・アナライザのように0～1.5 GHzなどを測定する場合に，IF周波数を500 MHzなどに設定すると，500 MHz付近の信号は正しく計測できない可能性があります．また，局部発振周波数が測定範囲に含まれると，つねに内部妨害を受けることになります．

そのため，IF周波数と局部発振周波数は，図3.9に示すように最高測定周波数よりも高い周波数に設

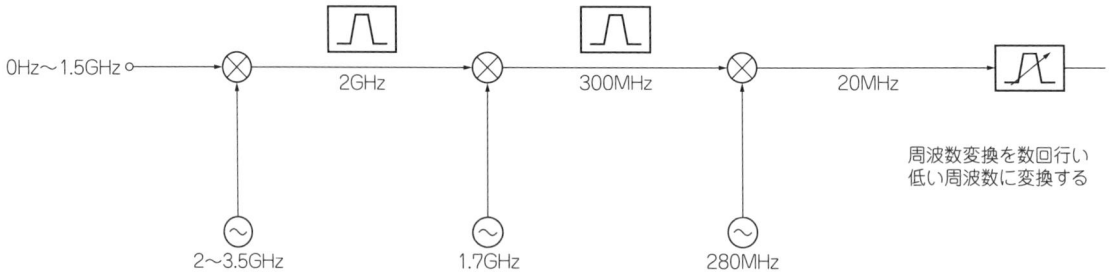

図3.9　アップ・コンバージョン方式

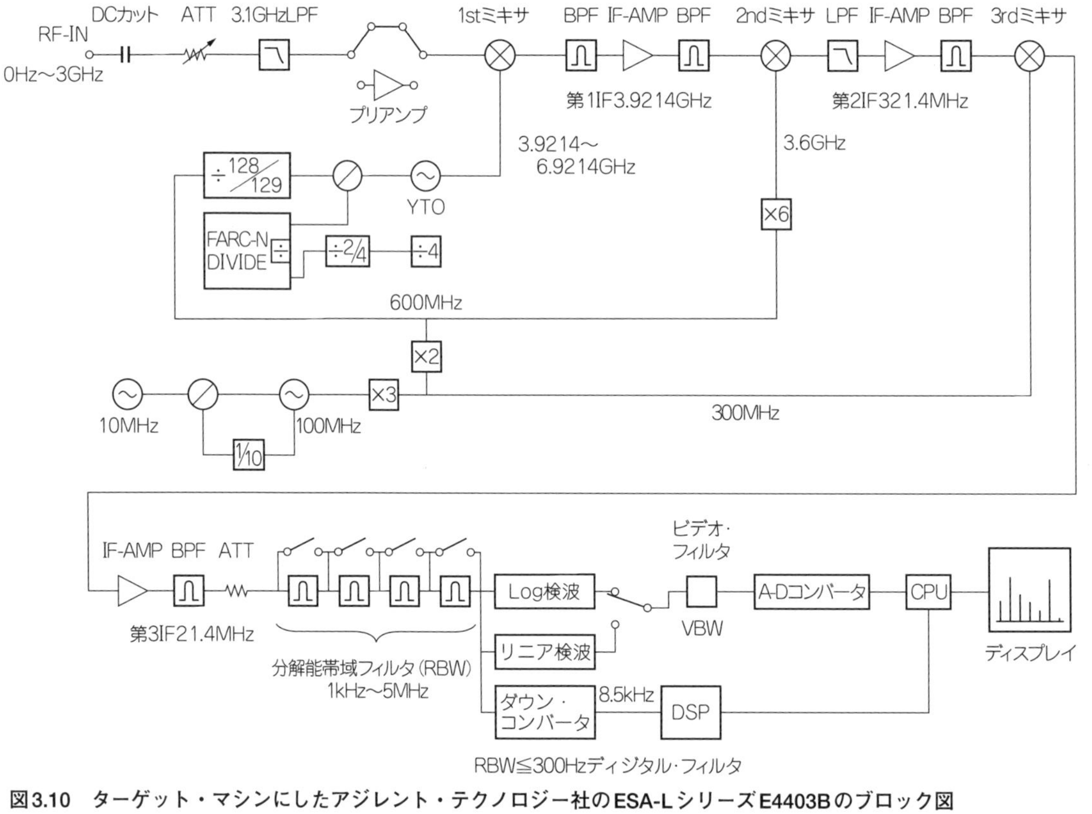

図3.10　ターゲット・マシンにしたアジレント・テクノロジー社のESA-LシリーズE4403Bのブロック図

定されます．たとえば，測定範囲が0〜1.5 GHz（原理的に0 Hzは測定できない）で，IF周波数を2 GHzに設定すると，局部発振周波数は2〜3.5 GHzになります．

　受信範囲よりも高い周波数に変換することを，アップ・コンバージョンといいます．周波数が高いと，アンプも安定動作が難しくなりますし，狭帯域のフィルタを作るのも難しいため，実際の構成では何度か周波数変換を繰り返して低い周波数に変換しています．

　図3.10に，本章でターゲット・マシンにしたアジレント・テクノロジー社のESA-Lシリーズのブロック図を示します．

第4章
スペクトラム・アナライザのパネル解説

　スペクトラム・アナライザは多くの機能を効率よく使用するために多数のキーが付いています．

　ここでは**写真4.1**のアジレント・テクノロジー社のESA-Lシリーズの前面パネルをサンプルとして説明します．最近のスペクトラム・アナライザはインテリジェント化が進み，測定データの保存や掃き出し，測定波形の印刷機能など多くの機能をもっていますが，本章では測定そのものに必要なキーの説明にとどめます．

　最近の機器は，メニュー・キー方式で同じキーがモードによって機能が変わり，パネルのキーの数を減らしていますが，ここでは基本的なキーを説明します．具体的なキー操作は，第5章以降で解説します．

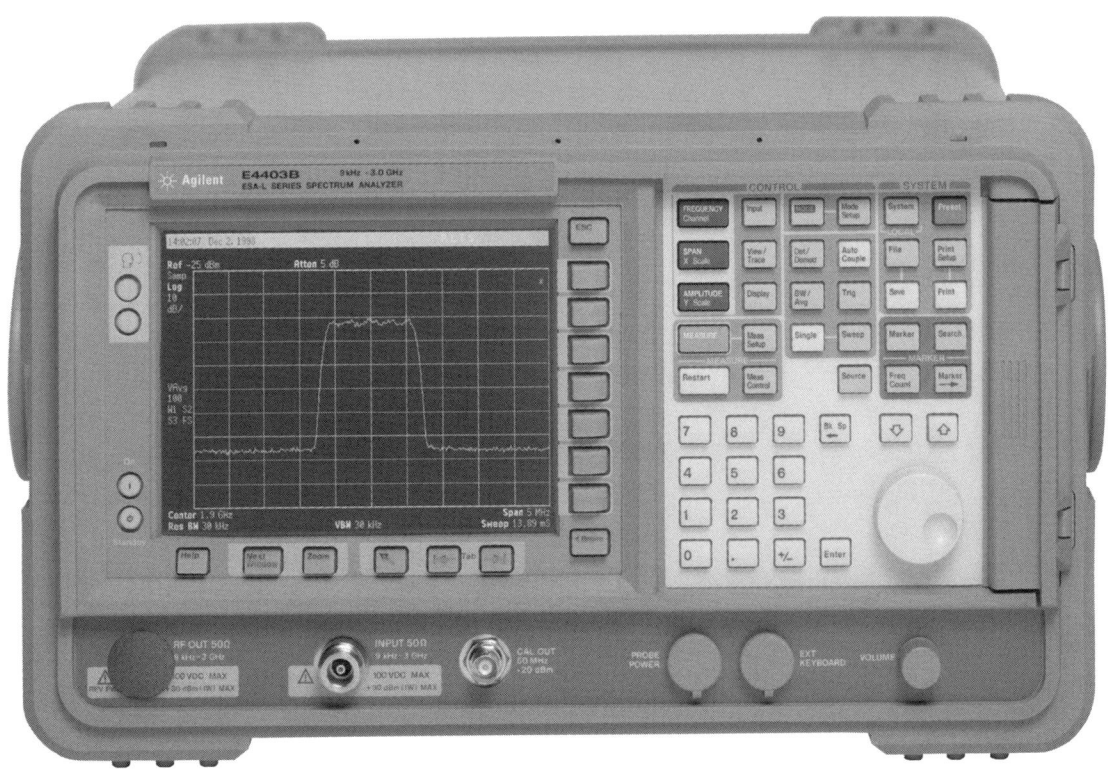

写真4.1　ターゲット・マシンにするアジレント・テクノロジー社　ESA-LシリーズE4403Bの外観

測定に必要な操作用スイッチ類

● 電源関係とコネクタ

図4.1に最も基本的な電源スイッチや入力コネクタの位置を示します．

❶ 電源スイッチ

スペクトラム・アナライザを起動します．

スペクトラム・アナライザのすべての仕様を満たすためには，規定時間のウォームアップが必要です．

❷ スタンバイ・スイッチ

スペクトラム・アナライザをスタンバイ・モードにします．**写真4.2**に電源スイッチとスタンバイ・

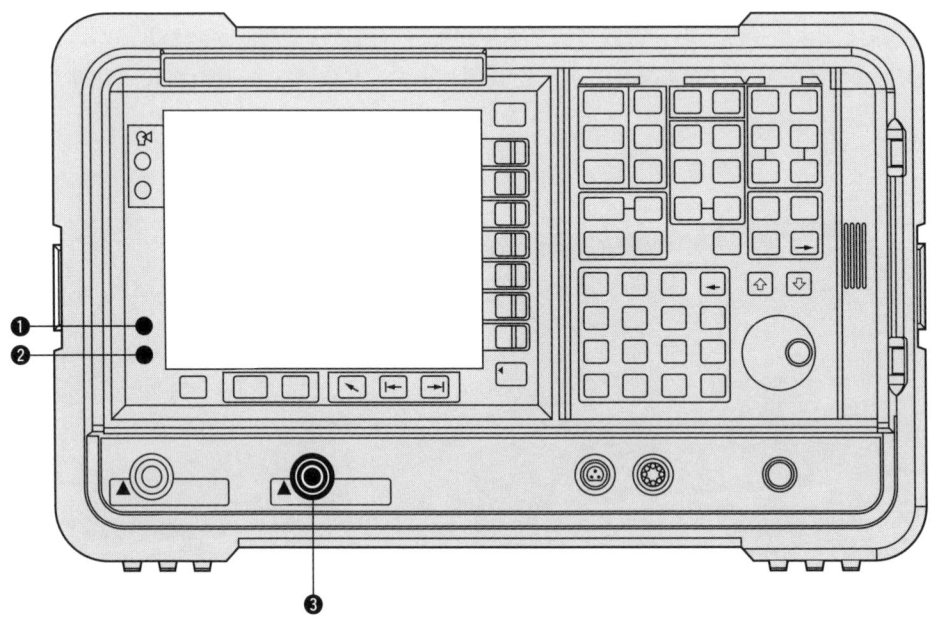

図4.1　電源スイッチ，スタンバイ・スイッチと信号入力コネクタ

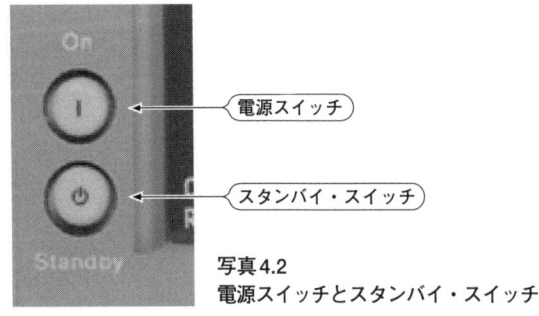

写真4.2　電源スイッチとスタンバイ・スイッチ

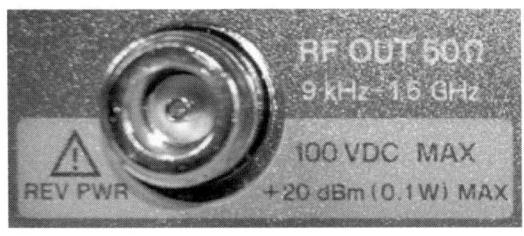

写真4.3　信号入力コネクタ

スイッチを示します.

❸ 信号入力コネクタ

スペクトラム・アナライザの信号入力コネクタには，通常はN型コネクタが使用されています．

インピーダンスは，50Ωもしくは75Ωです．信号入力コネクタの横には**写真4.3**のように，必ず最大入力可能電力が表示されています．一瞬でも，ここに書かれた電力や電圧を上回る信号を加えてはいけません．入力段のアッテネータやミキサに重大な損傷を与えることがあります．

●機能キー

図4.2，**写真4.4**はパネル面でCONTROLと書かれた機能キー群です．

CONTROLエリアのキーは，分解能帯域幅の調整や掃引時間の調整，測定器画面の制御を可能にするメニューを表示します．

キー一つに対して1機能，もしくはSHIFTキーなどとの併用で複数の固定の機能が割り当てられています．

FREQUENCY，SPAN，AMPLITUDEはスペクトラム・アナライザの主要な機能をアクティブにするキーです．

❹ FREQUENCY

周波数に関する設定項目をアクティブにします．

メニュー・キー⓮でセンタ周波数，スタート周波数，エンド周波数などの周波数に関する設定を行います．このときのメニュー・キーは**画面4.1**の機能をもちます．

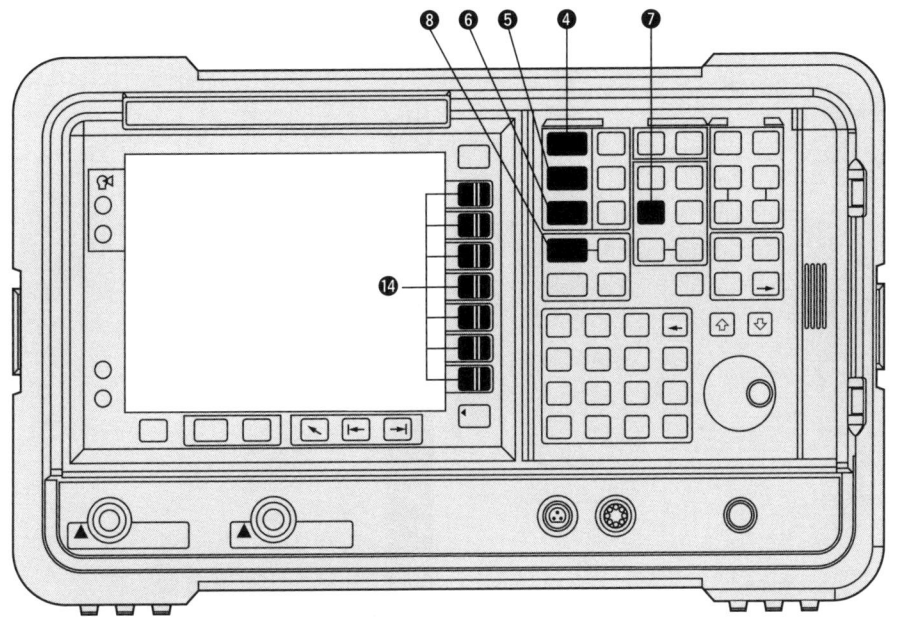

図4.2　機能キーとメニュー・キー

❺ SPAN

横軸(X軸)の表示幅スパンに関する設定項目をアクティブにします．

メニュー・キーでスパン周波数，ゼロ・スパン，フル・スパンなどのスパンに関する設定を行います．メニュー・キーは**画面4.2**の機能をもちます．

❻ AMPLITUDE

縦軸(Y軸)のレベルに関する設定項目をアクティブにします．

リファレンス・レベルやアッテネータ，Scale/DIV，ScaleTypeなど縦軸に関する設定を行います．

メニュー・キーは**画面4.3**の機能をもちます．

写真4.4　機能キー

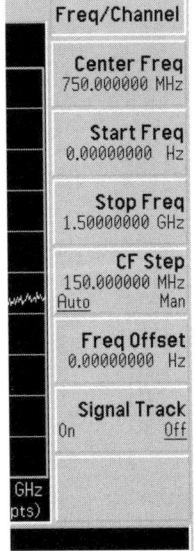

画面4.1
機能キーが周波数設定時のメニュー項目表示

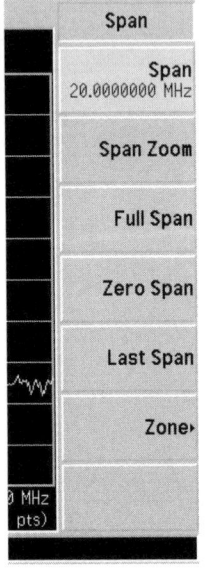

画面4.2
機能キーがスパン設定時のメニュー項目表示

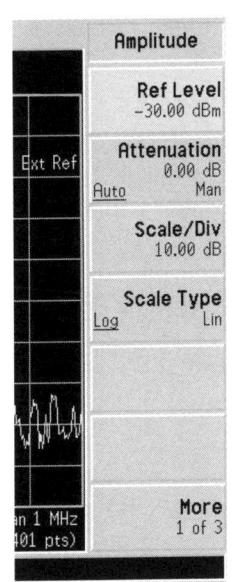

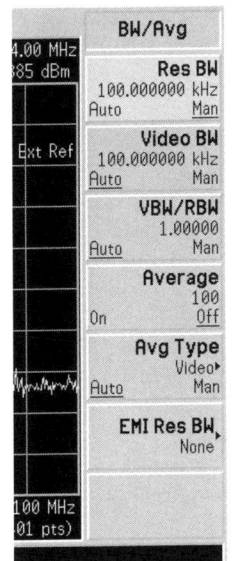

画面4.3
機能キーが横軸のレベル設定時のメニュー項目表示

画面4.4
機能キーが分解能設定時のメニュー項目表示

❼ BW/AVG

分解能帯域幅に関する設定項目をアクティブにします．

RBWやVBW，アベレージングなど帯域に関する設定を行います．メニュー・キーは**画面4.4**の機能をもちます．

❽ MEASUREエリアのキーは一般的なスペクトラム測定を自動化する機能のメニューを表示します．

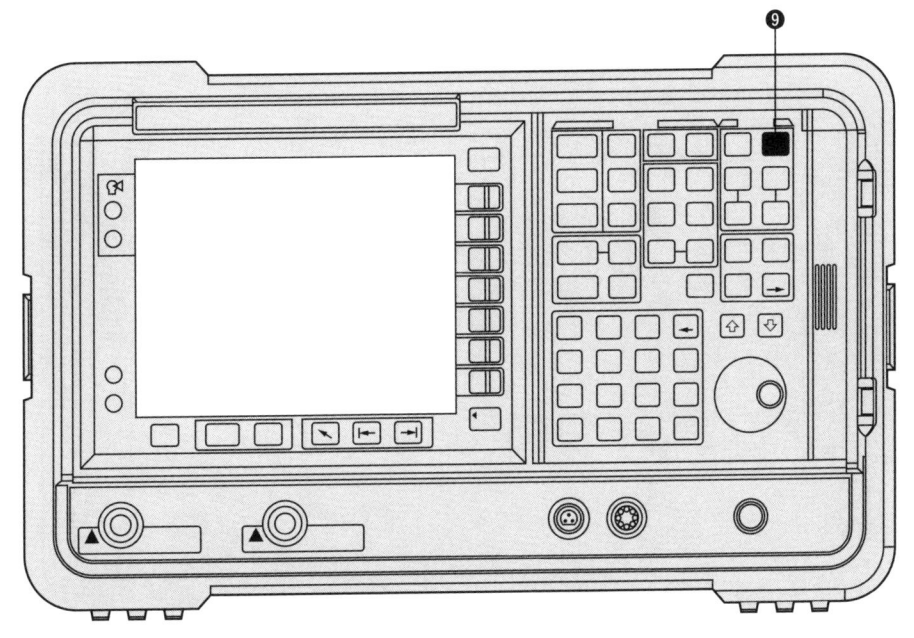

図4.3　プリセット・キー

ChannelPowerやACP,Multi Carrier Powerなどの機能を呼び出すことができます.

●SYSTEMエリアのキー

SYSTEMエリアのキーはスペクトラム・アナライザ全体のセットアップや測定データのファイル,印刷機能などに関するメニューを表示します.測定データのファイル化や印刷は測定そのものの機能ではありませんから,ここではPresetのみを説明します.

❾ Preset

図4.3のプリセット・キーを押すことで,事前に設定された状態にスペクトラム・アナライザを設定できます.

初期値は工場出荷値ですが,よく使用する設定に変更できます.

●MARKERエリアのキー

図4.4のMARKERエリアのキーはマーカの表示とマーカに関する機能のメニューを表示します.

❿ Marker

マーカを表示し,マーカに関する機能をアクティブにします.メニュー・キーは**画面4.5**の機能をもちます.

⓫ Peak Search

マーカを画面に表示されている信号の最大値にポイントし,Peak Searchに関する機能をアクティブにします.メニュー・キーは**画面4.6**の機能をもちます.

⓬ Freq Count

マーカを表示し,ポイント地点の周波数を表示します.メニュー・キーは**画面4.7**の機能をもちます.

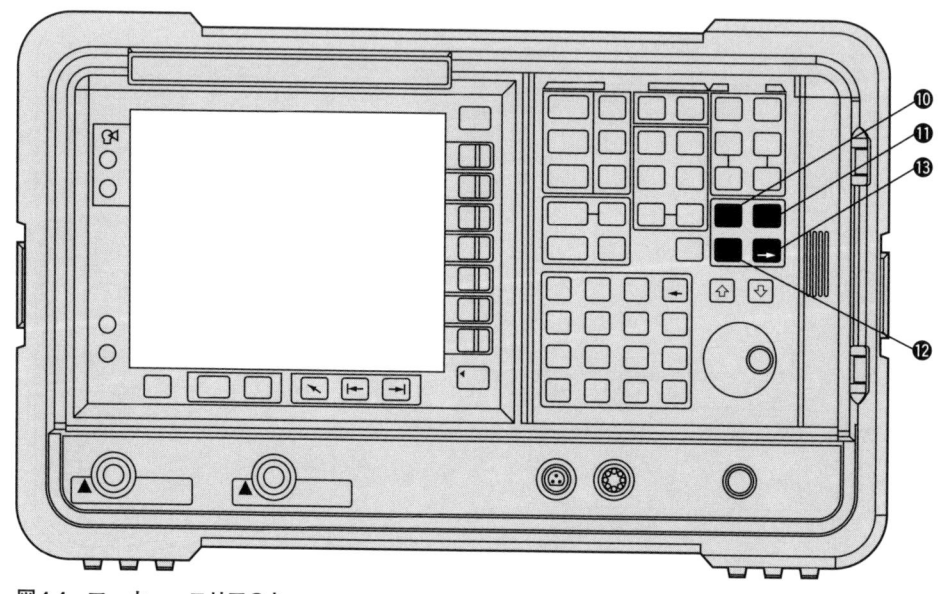

図4.4 マーカー・エリアのキー

第4章 スペクトラム・アナライザのパネル解説　● 測定に必要な操作用スイッチ類

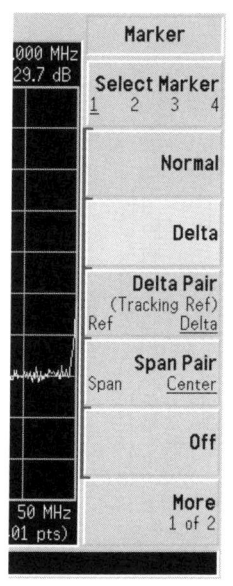

画面4.5
機能キーがマーカ設定時のメニュー項目表示

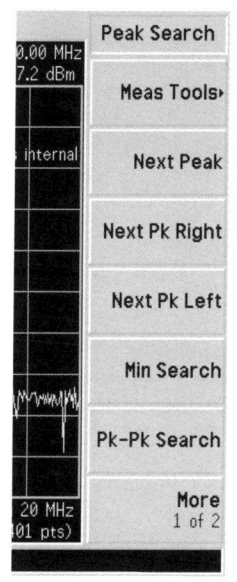

画面4.6
機能キーがPeak Search設定時のメニュー項目表示

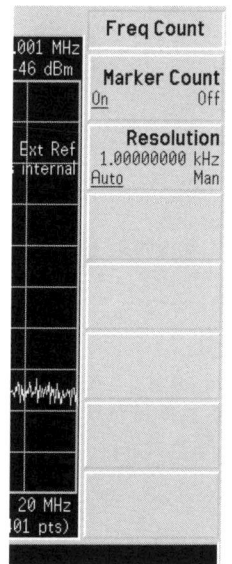

画面4.7
機能キーがマーカ・ポイントの周波数表示設定時のメニュー項目表示

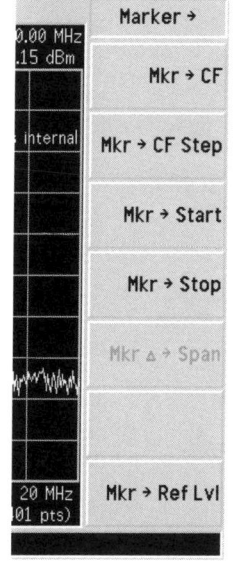

画面4.8
機能キーがマーカ・ポイント基準にした設定時のメニュー項目表示

⓭ Marker→

マーカを表示し，マーカ・ポイントを基準にするための機能をアクティブにします．

ソフトキーのMkr→CFはマーカ・ポイントの周波数をセンタ周波数に設定します．

ソフト・キーのMkr→RefLvlはマーカ・ポイントのレベルをレファレンス・レベルに設定します．メニュー・キーは**画面4.8**の機能をもちます．

37

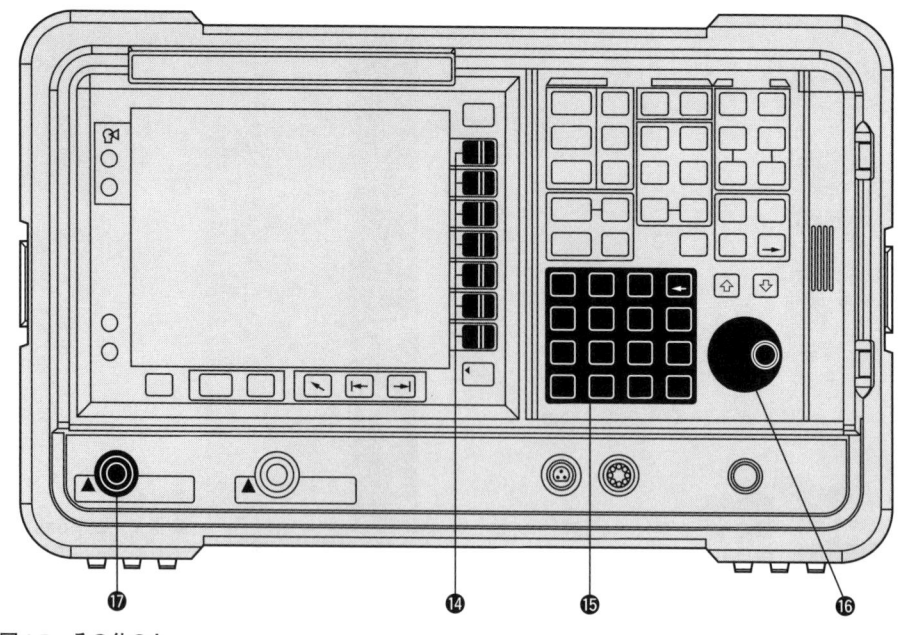

図4.5 その他のキー

●その他のキーやコネクタ

図4.5に示すキーやノブにはパネル面に何も書かれていません．これらのキーやノブは次のような働きがあります．

⓮ メニュー・キー（ソフト・キー，ファンクション・キー）

ディスプレイ横に配置されたパネルにはなにも機能が書かれていないキーです．

キー単体に固定された機能はなく，機能キーで選択された機能に関連するメニューと組み合わせて使用します．メニューはここまで説明した**画面4.1〜画面4.9**のようにディスプレイのメニュー・キーの横に表示されます．

メニュー・キーを採用することで，キーの数を減らしながらも，豊富な機能を使いやすくすることが可能になっています．

⓯ 数字キー（テン・キー）

数値を直接入力する際に使用します．

数値入力は単位キーで確定します．

単位キーとは，周波数がGHz，MHz，kHz，Hzで，振幅の単位は＋dBm，−dBm，mV，μVなどがあります．例えば433.12 MHzを指定する場合には，テンキーから［4］［3］［3］［.］［1］［2］と入力するとメニュー・キーが**画面4.9**のように単位キーの機能をもつので［MHz］を押して完了します．

機種によってはSHIFTキーなどとの併用で機能キーの役割をもつものもあります．小数点の入力も可能で，小数点がない場合には小数点は数字の最後に置かれます．

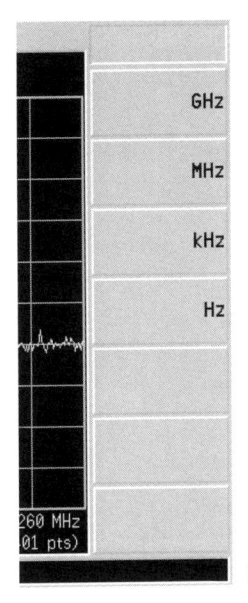

画面4.9　単位キー表示

⓰ ノブ

ノブは中心周波数，基準レベル，マーカ位置などの機能をアナログ的に細かい増分で変化させます．ノブを時計方向に回すと値が大きくなります．

⓱ トラッキング・ジェネレータ出力コネクタ

トラッキング・ジェネレータ内蔵機種の場合は，信号出力コネクタが装備されます．

通常は信号入力コネクタと同じ型のコネクタで，インピーダンスも同じインピーダンスになっています．トラッキング・ジェネレータ出力コネクタの横にも最大入力可能電力が表示されている場合があります．この場合も，入力信号コネクタと同じく，一瞬でもここに表示された電力や電圧を上回る信号を加えてはいけません．トラッキング・ジェネレータ出力段に，重大な損傷を与えることがあります．

スペクトラム・アナライザ画面

スペクトラム・アナライザのディスプレイにはさまざまな情報が表示されます．

ディスプレイは，縦軸が8もしくは10に，横軸は10に目盛りが振られています．縦軸は信号レベルの目盛りです．一番上のラインを基準に設定された単位で分割されています．横軸は周波数の目盛りです．スタート周波数とエンド周波数の間を10分割しています．

画面4.10に表示画面の例を示します．画面中の表示情報は次のとうりです．

Ⓐ レファレンス(基準)レベル

垂直軸の一番上がレベルの基準となります．通常は0 dBmですが，他の値にも設定できます．サンプル機では－149.9～＋50 dBmまで設定できます．

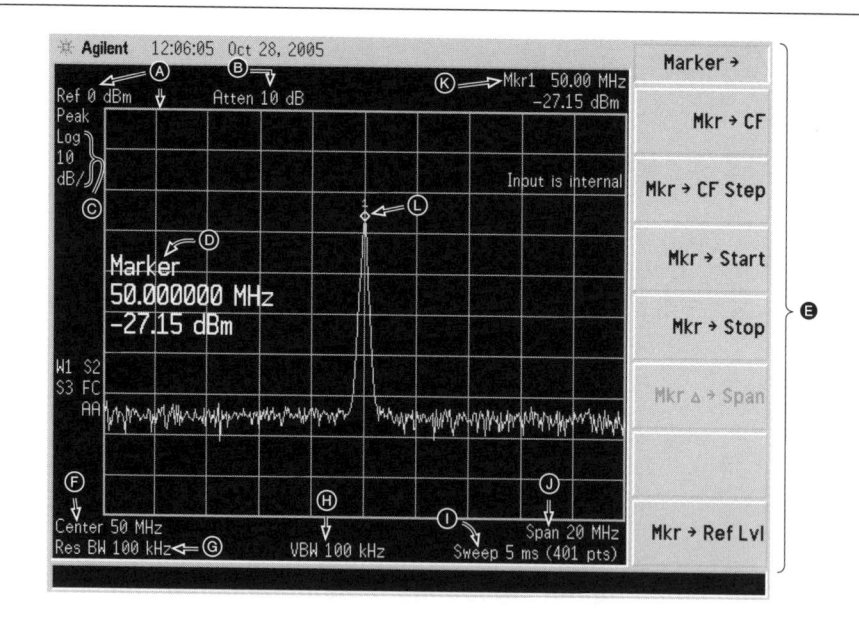

画面4.10　スペクトラム・アナライザの画面に表示される情報

Ⓑ　入力アッテネータ
入力段のアッテネータの設定減衰量が表示されます．

Ⓒ　縦軸スケール設定
縦軸1目盛り(Div)の設定値が表示されます．
「Log 10 dB」と表示されている場合は，1目盛り10 dBに設定されていて，基準レベルから1目盛り10 dBずつレベルが下がっていきます．

Ⓓ　アクティブ・ブロック表示
現在アクティブになっている項目の情報が表示されます．
サンプル画面ではマーカ・ポイントの周波数とレベルが表示されています．

Ⓔ　メニュー・キーのメニュー
現在アクティブなメニュー・キーの機能が表示されます．

Ⓕ　センタ周波数が表示されます．

Ⓖ　分解能帯域幅(RBW)が表示されます．

Ⓗ　ビデオ帯域幅(VBW)が表示されます．

Ⓘ　掃引時間が表示されます．

Ⓙ　スパン周波数が表示されます．

Ⓚ　マーカの情報，周波数カウント時の周波数が表示されます．

Ⓛ　マーカ・ポイントとマーカの位置を示します．

第5章
スペクトラム・アナライザの基本操作

　第5章では，いよいよ実物のスペクトラム・アナライザをさわってみることにしましょう．まず，スペクトラム・アナライザのレファレンス信号出力を使用して，測定の基本操作を説明します．
　サンプル機はアジレント・テクノロジー(株)のESL-Aシリーズ スペクトラム・アナライザです．

基本的操作の手順

　まず，スペクトラム・アナライザを使用して，測定を行う手順を簡単に説明していきましょう．
操作の手順を簡単に説明すると次の5段階になります．
　①スペクトラム・アナライザの電源投入
　②指定時間のヒート・ラン
　③周波数とレベルを設定
　④入力コネクタに信号を加える
　⑤ディスプレイに表示された波形からデータを取得する

ヒート・ラン

　電源を入れた後に行う指定時間のヒート・ランは，スペクトラム・アナライザが所定の性能を満たすために必要な作業です．電子機器は電源投入直後は温度上昇が急で，それにより回路動作が安定しません．とくにスペクトラム・アナライザのような精密機器にとって，温度変化は測定誤差の原因になりやすいため，機器全体がある程度暖まり安定した温度状態になるのを待つためにも必要です．
　ヒート・ランに必要な時間は機種により異なりますが，不明な場合は計測の約30分前には電源を入れておきます．
　サンプル機のスペクトラム・アナライザでは，電源が接続されていれば，電源投入後5分でヒート・ランが完了します．

周波数とレベルの設定

　次に目的の測定条件や測定対象に合わせて，スペクトラム・アナライザの周波数とレベルを設定します．
　スペクトラム・アナライザの現在の設定が不明な場合には，図5.1の(☞1.1) [Preset]や[Initial]キ

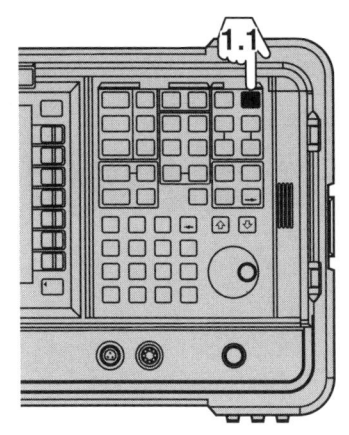

図5.1 Presetキー

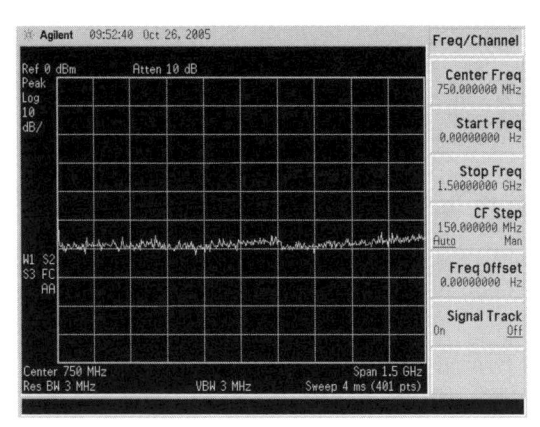

画面5.1 イニシャライズ直後の画面表示

ーで工場出荷時の設定に戻しておきます．ESL-Aシリーズでは[Preset]キーを押すと**画面5.1**のように表示されます．工場出荷時の設定は，帯域1.5GHzのセンタ周波数である750MHzのように，ほぼ機器の性能から標準的な値にセットされるようです．

ここで使用するスペクトラム・アナライザがもつ校正用のレファレンス信号は50MHzのため，センタ周波数を50MHz，スパン周波数を20MHzに設定してみましょう．

●センタ周波数

スペクトラム・アナライザでの測定で最初に行わねばならないのが，センタ周波数の設定です．

図5.2のFREQUENCY Channelキー(2.1)を押し，**画面5.2**のようにディスプレイの左側にCenter750.0000000MHzのように現在のセンタ周波数が表示され，センタ周波数設定がアクティブであることを確認します．

図5.3のテン・キー(3.1)から[5][0]を入力後，ソフト・キーの[MHz]（3.2）を押し，センタ周波数が50MHzに設定されたことをディスプレイの表示で確認します（**画面5.3**）．

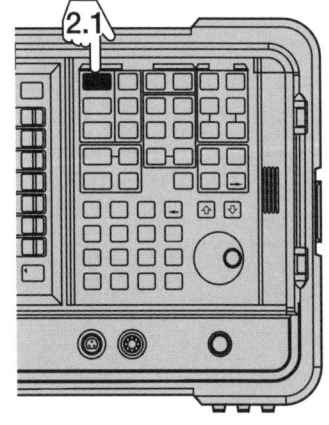

図5.2 FREQUENCY Channelキー

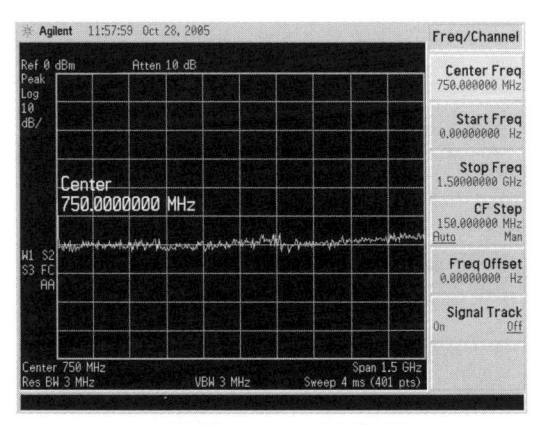

画面5.2 センタ周波数アクティブを確認する

第5章 スペクトラム・アナライザの基本操作　●周波数とレベルの設定

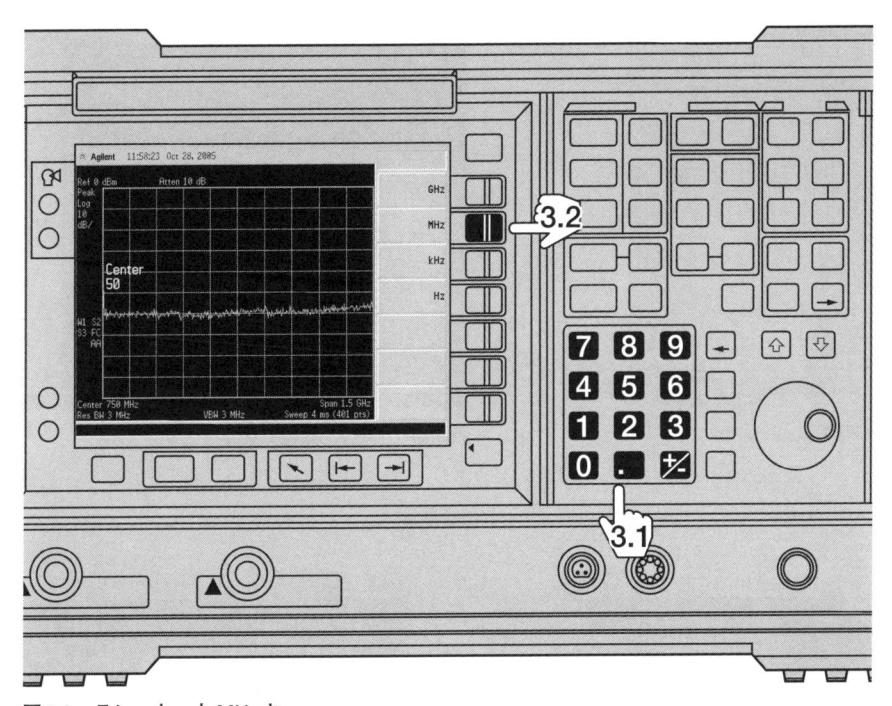

図5.3　テン・キーとMHzキー
テン・キーで50を入力後メニュー・キーのMHzキーで周波数を決定する

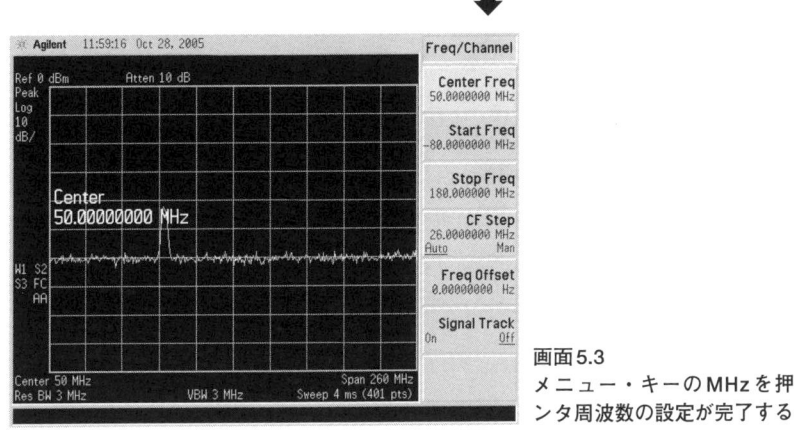

画面5.3
メニュー・キーのMHzを押すとセンタ周波数の設定が完了する

●スパン周波数

次にスパン周波数を設定します．
SPAN X scaleキー(図5.4)を押し，画面5.4のようにディスプレイの左側に現在のスパン周波数がSpan○○○Hzと表示され，スパンがアクティブであることを確認します．
テンキーから[2][0]を入力後，ソフト・キーのMHzを押し，スパン周波数が20MHzに設定されたことを，ディスプレイの表示で確認します(画面5.5，画面5.6)．

43

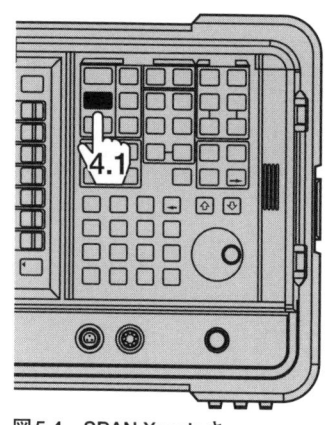

図5.4　SPAN Xscaleキー

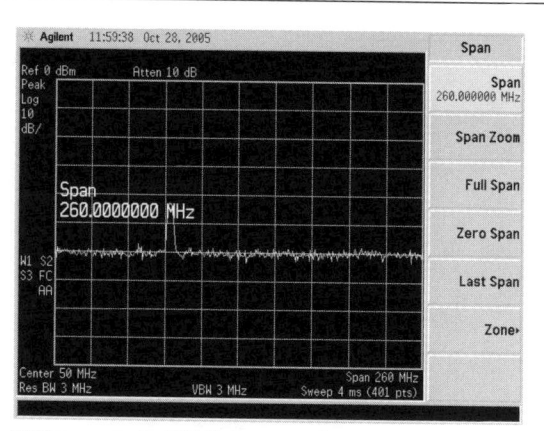

画面5.4　スパン周波数アクティブ

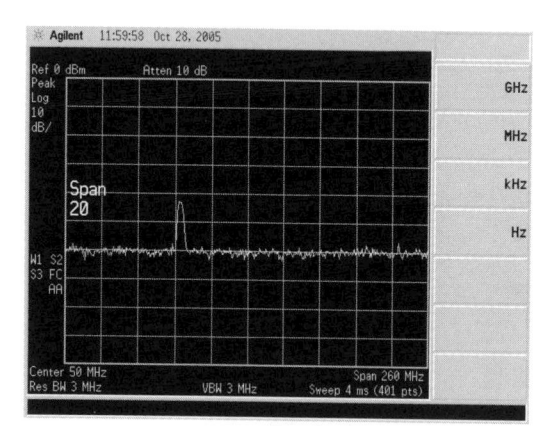

画面5.5　テン・キーで20を入力する

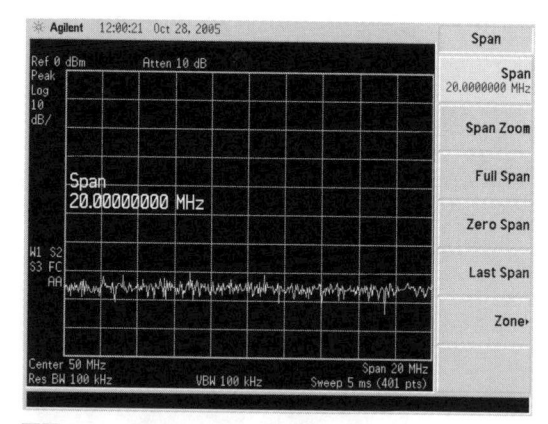

画面5.6　メニュー・キーのMHzを押すとスパン周波数の設定が完了しこの画面になる

リファレンス信号を入力に加える

　リファレンス出力と前面パネルの信号入力コネクタを，インピーダンス50Ωの中継用同軸ケーブルで接続します．E4411Bではリファレンス出力が背面にありますが，機種によってはフロント・パネルに出力コネクタがあるものもあります．

　E4411Bでは図5.5の[input/Output]キー（☞5.1）を押し，画面5.7のソフト・キーの[Amptd Ref（$f=50$MHz）]（☞5.2）を押し[On]に切り替えます．

　画面中央に，画面5.7のようにスペクトラムが表示されていることを確認してください．

図5.5 Inpout/Outputキー

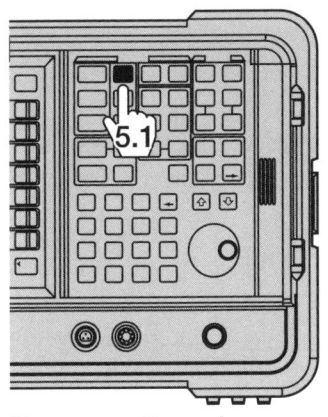

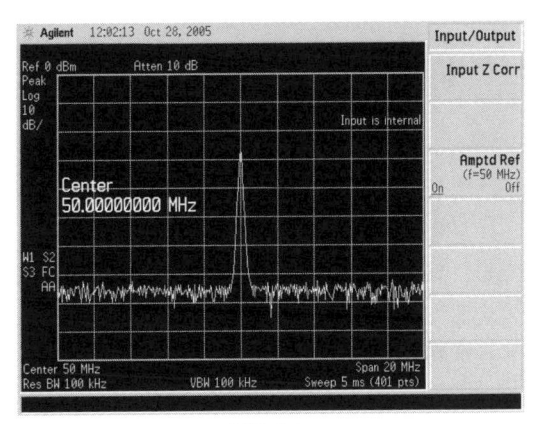

画面5.7 レファレンス信号入力

画面からの情報の読み取り

先ほど表示した，50MHzのレファレンス信号の波形をサンプルにして，情報の読み取りを説明しましょう．

画面5.8が現在の設定です．レファレンス・レベルが0dBmで，画面左上に文字表示されています．

縦軸の1目盛りは10dBになっているので，信号の最大レベルは約-27dB，周波数は画面左下に表示されているように，センタ周波数が50MHzで，信号のピークもほぼ50MHzと読み取れます．

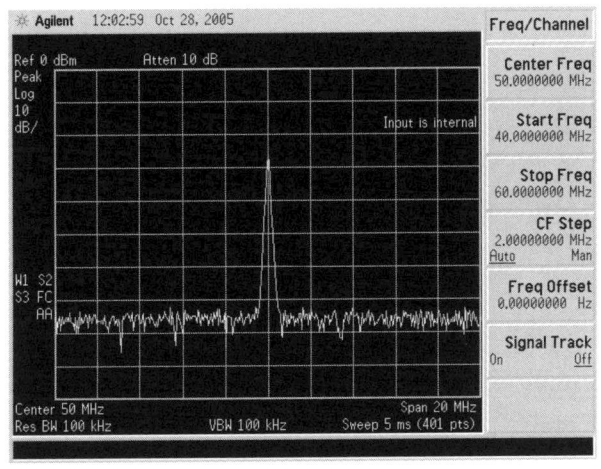

画面5.8 信号波形から周波数と振幅を読み取る

マーカ機能

前記のように，画面のスケールから大まかな情報は読み取れますが，正確なレベルや，ピークから-3dBの帯域幅を測定するには，縦軸10dB/Divと横軸がスパン周波数20MHzの場合，2MHz/Divではスケールが荒すぎます．

そのため，スペクトラム・アナライザにはマーカ機能が用意されています．

マーカを使うためには，図5.6に示す機能キーの[Marker]を押します(6.1)．

画面には画面5.9のように，図5.7(7.1)のノブよって左右に動かすことができる，マーカ・ポイントが表示されます．

ディスプレイの左側にMarkerと表示され，現在のマーカの示す信号の周波数とレベルが表示されます．

表示されているスペクトラムの周波数とレベルを調べるためには，ノブを回してマーカを信号のピーク地点に合わせることで，ディスプレイの左側にマーカ地点の周波数とレベルが表示されます．

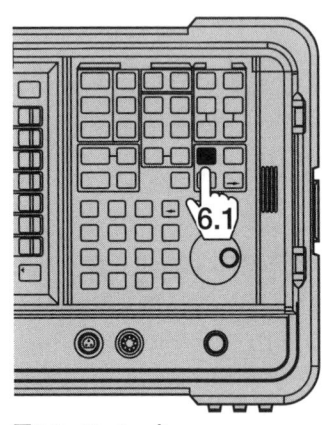

図5.6 Markerキー

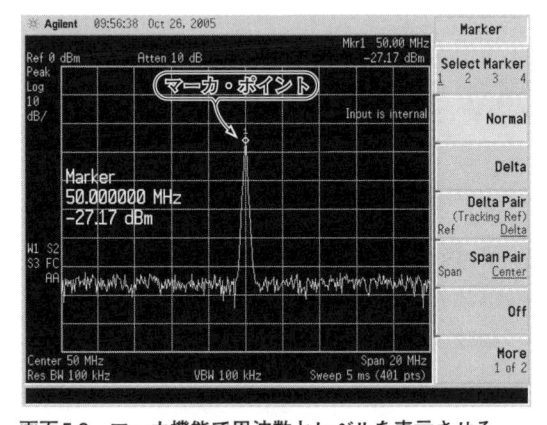

画面5.9 マーカ機能で周波数とレベルを表示させる

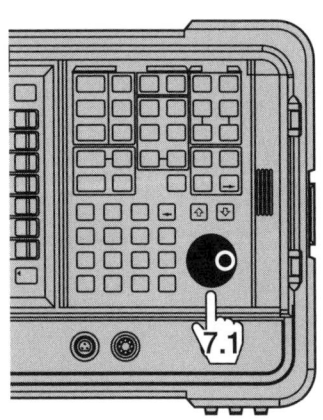

図5.7 このノブでマーカを左右に動かせる

マーカの便利な機能

●デルタ・マーカ

画面5.10のように指定した2点間のレベルと周波数の差を表示します．表示は最初のマーカをレファレンスとする値を表示します．

この機能は，基本波と高調波のレベルの差や周波数の差を計測する際に使用します．

●ピーク・サーチ(Peak Search)

図5.8の「Peak Search」キー(8.1)はディスプレイに表示されているレベルの最大地点にマーカを移動します(画面5.11)．

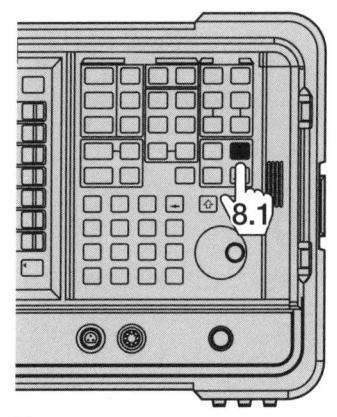

図5.8 Peak Searchキー

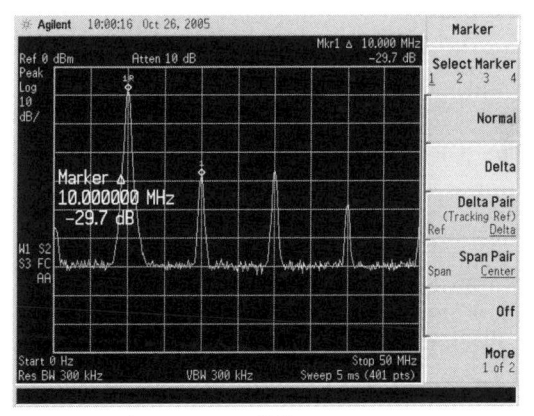

画面5.10 デルタ・マーカ機能
マーカ・ポイント1Rと1との周波数と振幅の差を表示する

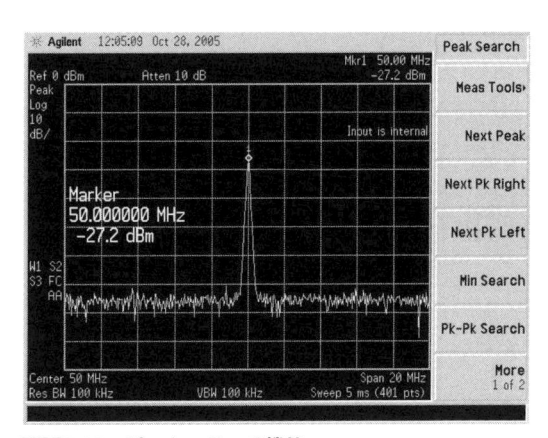

画面5.11 ピーク・サーチ機能
表示エリア内の最大レベルにマーカ・ポイントを自動的に移動する

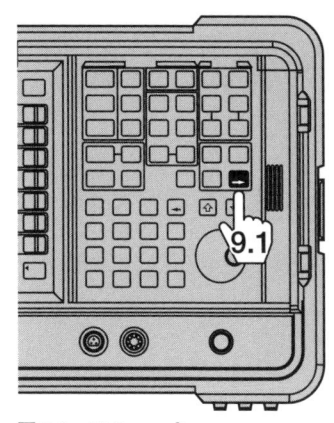

図5.9 Maker→キー

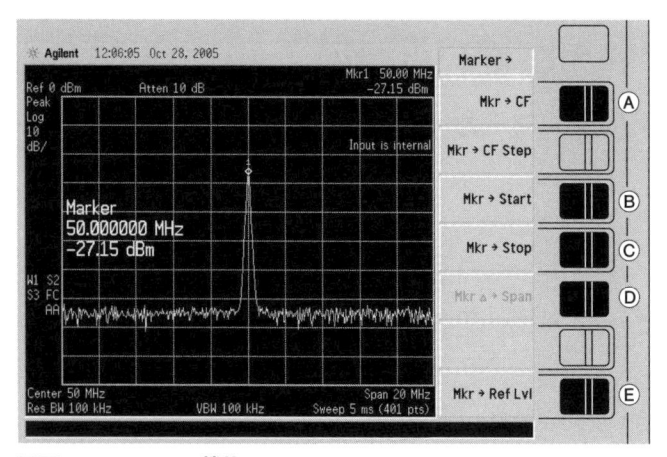

画面5.12 Maker→機能
マーカ・ポイントの周波数もしくは振幅を基準点に設定する

● Marker→

図5.9の「Marker→」(👆9.1)を押すとマーカ地点の周波数やレベルを基準位置に設定します．

Ⓐ Mkr→CFキー

ソフト・キーの画面5.12Ⓐの「Mkr→CF」はマーカ位置の周波数をセンタ周波数に設定します．

Ⓑ Mkr→Startキー

画面5.12Ⓑのソフト・キーはマーカ位置の周波数をスタート周波数に設定します．

Ⓒ Mkr→Stopキー

画面5.12Ⓒはマーカ位置の周波数をストップ周波数に設定します．

Ⓓ Mkr Δ→Spanキー

画面5.12Ⓓの「Mkr Δ→Span」はスタート周波数とストップ周波数をデルタ・マーカの値に設定します．

Ⓔ Mkr→Ref Lvlキー

画面5.12Ⓔは基準レベルをマーカ位置のレベルに変更します．

上記以外にも，機種によりさまざまなマーカ機能が用意されていて，活用することでより早く正確な測定を行うことができます．

分解能帯域幅(RBW)について

隣接した二つのスペクトラムはIFフィルタの3dB帯域幅だけ離れていれば，二つの波形として分離して表示することができます．

このIFフィルタの3dB帯域幅を，分解能帯域幅〔RBW(Resolution Band Width)〕と呼びます．しかし，いままでの測定では分解能帯域幅(以下RBW)の設定は行っていません．ほとんどの機種には，AUTOモードが備わっているために，スパンを設定すると自動的にRBWも適正な値に設定されるようになっています．

第5章 スペクトラム・アナライザの基本操作　● 周波数の測定

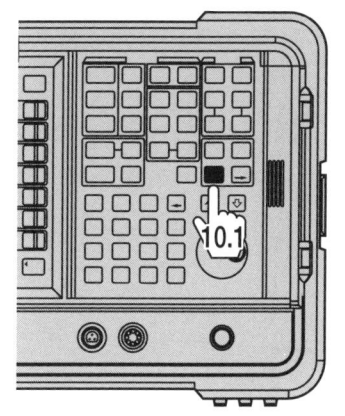

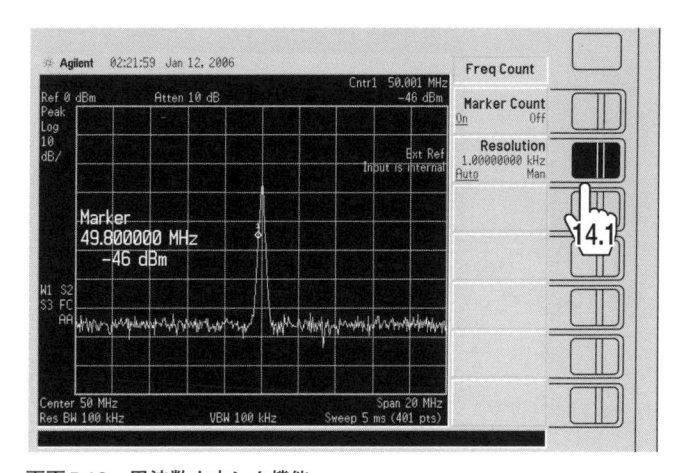

図5.10　Freq Count キー

画面5.13　周波数カウンタ機能
マーカでは49.8MHzを表示しているが，カウンタは50.00MHzを表示している

周波数の測定

　これまで説明した測定時にもマーカ表示で，マーカ・ポイントのレベルと周波数が表示されていますが，マーカ表示の周波数は実際の周波数を計測しているわけではなく，画面上のマーカ位置から求められています．

　そのため，スパンや分解能帯域幅が広い場合には求めたい周波数がポイントとポイントの間に位置してしまうため，正しい結果が出ない場合があります．

　正確な周波数を求める際には，スパンと分解能帯域幅を狭めて測定するか，周波数カウンタ機能を使用します．

　周波数カウンタ機能は内部カウンタ方式を採用していて，IF信号と局部発振器信号をカウントすることで測定するため，マーカ・ポイントは雑音の影響を受けない場所ならば位置に関係なく正確な周波数を測定することができます．

　図5.10に示すマーカ・エリアの[Freq Count]ボタン(☝10.1)を押すと，画面5.13の周波数カウント・サブメニューが表示され，[Resolution]を(☝14.1)指定することで細かい周波数まで測定することができます．

　ただし，Resolutionを小さくすると計測時間がかかるようになります．

第6章
測定

第6章ではスペクトラム・アナライザを使用した基本的な測定方法を説明します．

スペクトラム・アナライザを使う場合，測定前に次の注意を必ず守らねばなりません．

● 入力信号レベル範囲

入力する信号レベルの範囲は機種により異なりますが，通常最低レベルが－140～－100dBmで，最大レベルが定格上の最大入力可能電力になっています．

入力信号のレベルに合わせて，レファレンス・レベルと入力アッテネータの設定を行うことで，最大のダイナミック・レンジを得ることができます．

この設定が適切になされていない場合には，レベルの低い信号は観測できなくなり，レベルの大きな信号ではスペクトラム・アナライザの利得が圧縮され，内部で高周波ひずみを生じ測定値に誤差が発生します．

● 警告──過大入力は絶対禁止

スペクトラム・アナライザの信号入力コネクタの横には，必ず**写真6.1**のように最大入力電力と電圧が書かれています．この値は一瞬でも超えてはいけません．内部のアッテネータやミキサに重大な損傷を与えることがあります．

また，スペクトラム・アナライザの入力アッテネータの設定がスルー(0dB)の状態で，最大入力電力近くの信号を入力すると，入力ミキサを損傷する場合があります．このレベルの信号を入力する場合には，必ず入力アッテネータを設定してください．

被測定機器の発生する信号の電力がスペクトラム・アナライザの耐入力以下でも，実験中や調整中では，異常発振などの影響で多大な電力が発生する場合もあるので，測定中は外部にアッテネータやカプラなどをつねに使用して計測することを心がけてください．

写真6.1　スペクトラム・アナライザの入力端子には最大入力電力と電圧が書かれている
入力信号はこれを一瞬でも絶対超えないこと

スペクトラムのレベルと周波数の測定

レベルと周波数の測定は，スペクトラム・アナライザを使用したもっとも基本的な測定です．

本来，正弦波のスペクトラムは1本の線で表現されます．しかし，スーパ・ヘテロダイン方式のスペクトラム・アナライザは掃引しているため，実際には図6.1のようにスペクトラム・アナライザのIFフィルタの通過域の形状を表示します．

そのため表示されている波形から読み取れる，意味のあるデータは波形ピーク点のレベルと周波数になります．

●機器のセットアップ

レベルと周波数を測定する場合の，被測定機器とスペクトラム・アナライザとの接続は，図6.2に示すとおりです．

送信機からの信号など，大きな信号を測定する場合には，次のスプリアス測定の項目を参照してください．

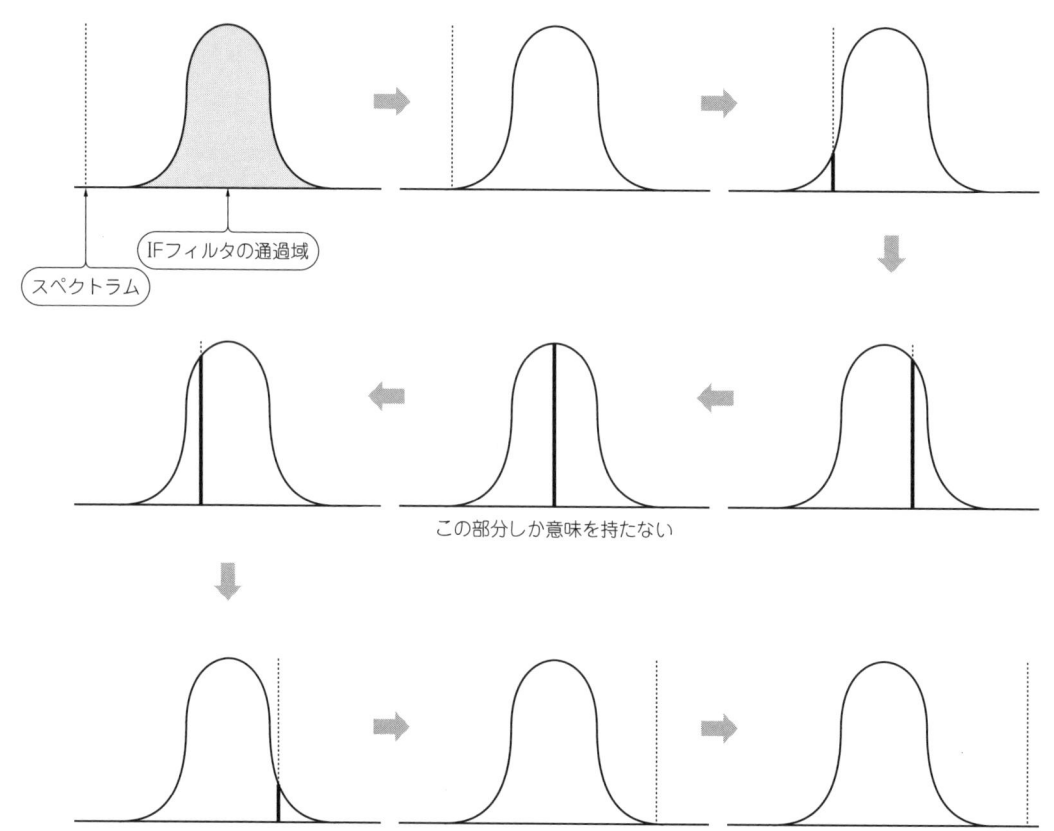

図6.1　掃引するためIFフィルタの通過帯域の形がトレースされ表示される

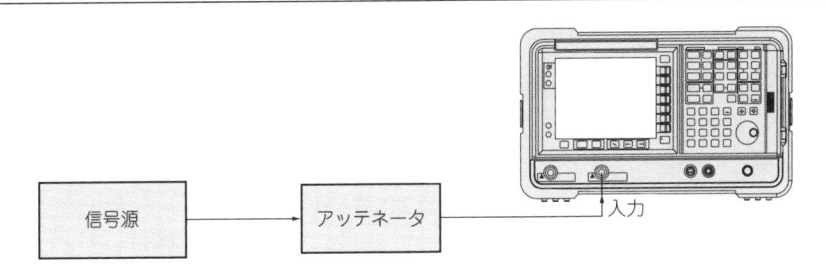

第6章 測定　● スペクトラムのレベルと周波数の測定

図6.2　基本測定のセットアップ（スペクトラムのレベルと周波数の測定）

●周波数がわかっている単一信号の測定

周波数がわかっている信号の測定は下記の手順で行います．
①センタ周波数に測定周波数を設定する

図6.3に示す［FREQUENCY Channel］（👆1.1）で画面6.1を出し［CenterFreq］（👆1.2）→センタ周波数（測定周波数）入力（👆1.3）で設定します．

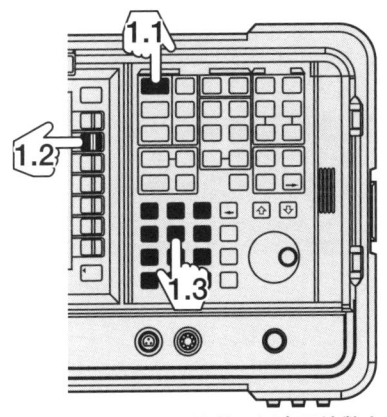

図6.3　センタ周波数に測定周波数を設定する

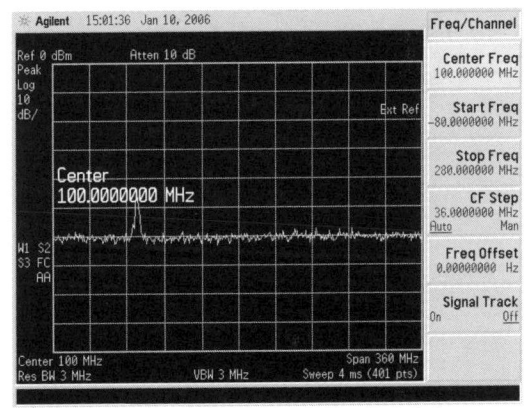

画面6.1　センタ周波数を測定周波数に設定する（100MHz）

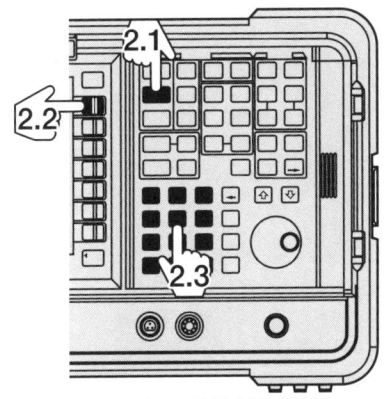

図6.4　スパン周波数を設定する

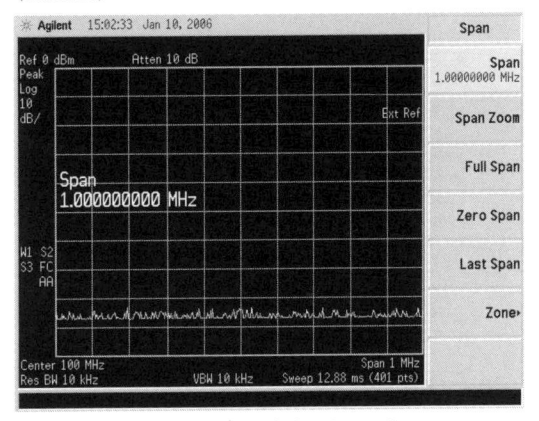

画面6.2　スパン周波数を設定する（1MHz）

②スパン周波数を設定する

　図6.4の［SPAN X scale］(☝2.1)で画面6.2を出し［Span］(☝2.2)→スパン周波数入力(☝2.3)でスパン周波数を入力します．

③もし画面上に目的信号が表示されなければ，レファレンス・レベルを設定する

　図6.5の［AMPLITUDE Y scale］(☝3.1)で画面6.3を出し，［Ref Level］(☝3.2)を押しテン・キーでレベルを直接入力するか，もしくはノブで信号が表示されるまでレベル変更します(☝3.3)．

④マーカでレベルを読み取る

　図6.6の［Marker］(☝4.1)を選び，(☝4.2)のノブでマーカ・ポイントを移動し，レベルを読み取ります．または［Peak Search］(☝4.3)でレベルを読み取ります(**画面6.4**)．

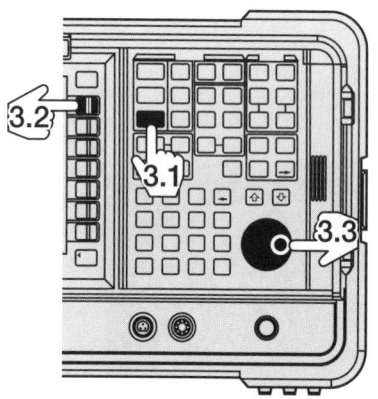

図6.5　画面に信号が表示されない場合のレファレンス・レベル設定手順

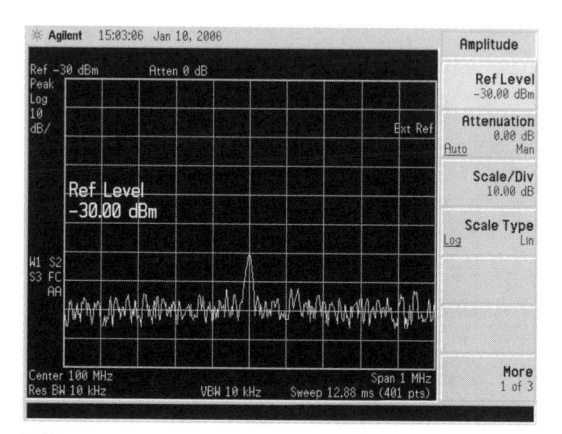

画面6.3　レファレンス・レベルを設定する(-30dBm)

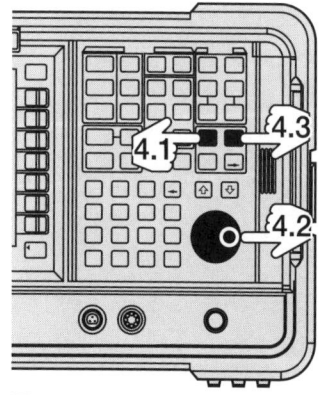

図6.6　マーカでレベルを読み取る

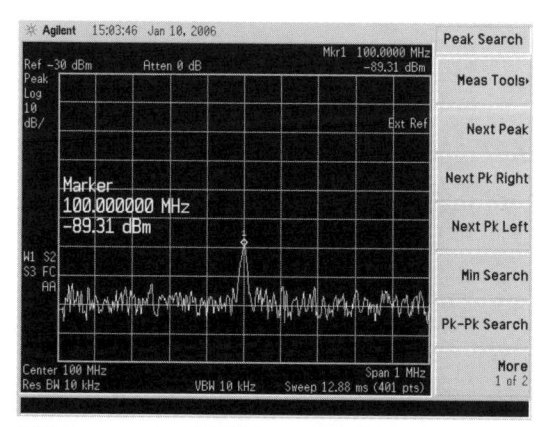

画面6.4　マーカで周波数とレベルを表示する

⑤周波数を読み取る

目的の波形にマーカ・ポイントをセットします．

図6.7に示す［Freq Count］(👆5.1)→［Marker Count On］(👆5.2)で周波数を読み取ることができます(画面6.5)．

●周波数のわからない単一信号の測定

周波数がわからない信号や，複数の周波数の中から単一信号を測定する場合には，測定周波数範囲を指定し，目的信号を見つけます．

①スタート周波数とストップ周波数を設定する

図6.8の［FREQUENCY Channel］(👆1.1)で画面6.6を表示させ→［Start Freq］(👆1.2)でテン・キー(👆1.3)でスタート周波数を設定します．

次に同じ画面から［StopFreq］(👆1.4)→テン・キー(👆1.3)によりストップ周波数を設定します(画

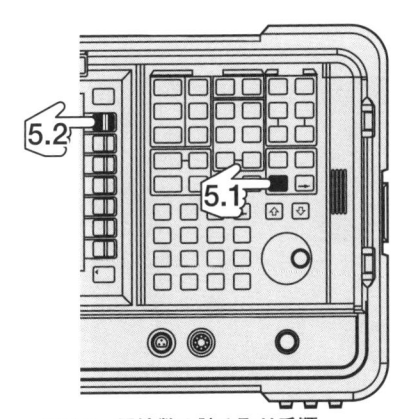

図6.7 周波数の読み取り手順

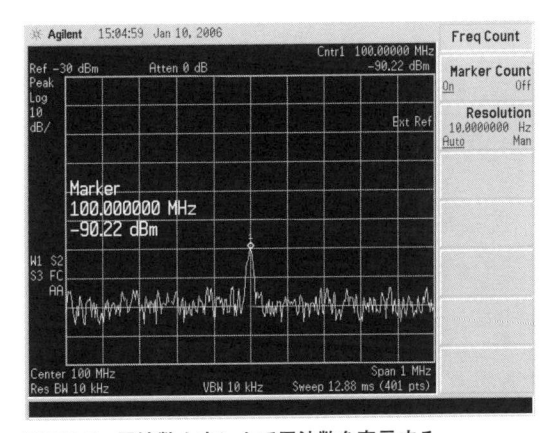

画面6.5 周波数カウンタで周波数を表示する

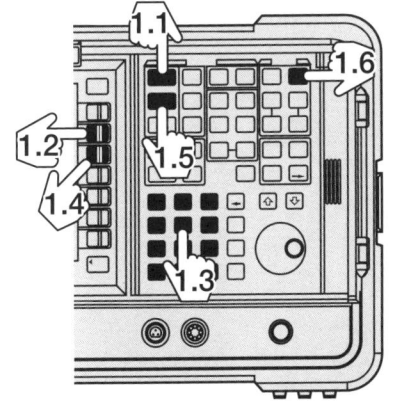

図6.8 スタート/ストップ周波数を設定する

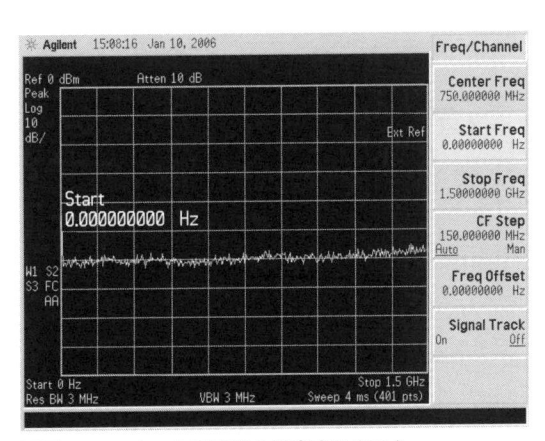

画面6.6 スタート周波数を設定する(0Hz)

面6.7).

　もしくは，[SPAN X scale]（☞1.5）→ [Full Span]（☞1.4）で全掃引を行うか [Preset]（☞1.6）で初期状態に戻します（**画面6.8**）．

② 画面上に目的信号が表示されなければレファレンス・レベルを設定する

　図6.9の [AMPLITUDE Y scale]（☞2.1）で**画面6.9**を表示させ [Ref Level]（☞2.2）を押し，テン・キーによるレベル入力かノブで信号が表示されるまでレベル変更します．

③ マーカ・ポイントを目的信号にセットする

　次ぎに**図6.10**の [Marker]（☞3.1）→ノブ（☞3.2）でマーカ・ポイントを目的信号に移動します（**画面6.10**）．

④ センタ周波数を表示する

　図6.11の [Marker→]（☞4.1）で**画面6.11**を表示させ，[Mkr→CF]（☞4.2）でマーカ・ポイントをセンタ周波数に設定します．

⑤ スパン周波数を設定する

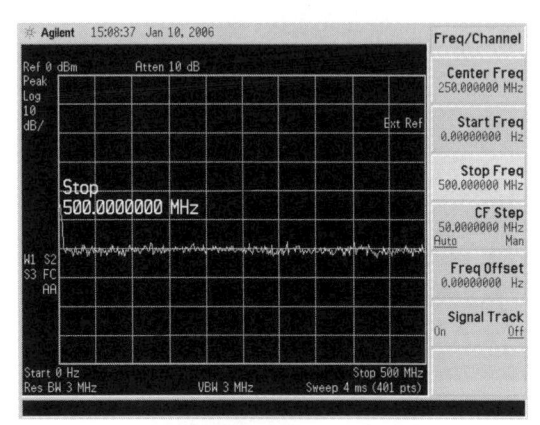

画面6.7　ストップ周波数を設定する（500MHz）

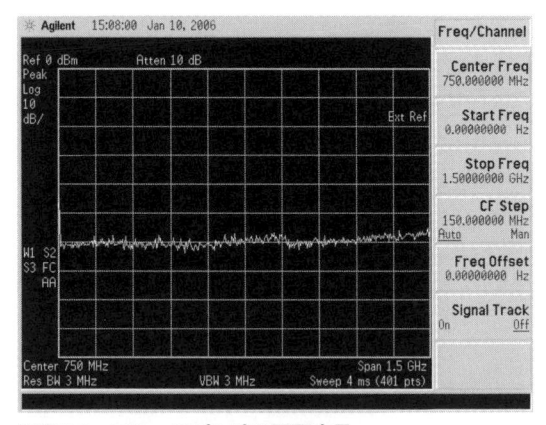

画面6.8　フル・スパン時の画面表示

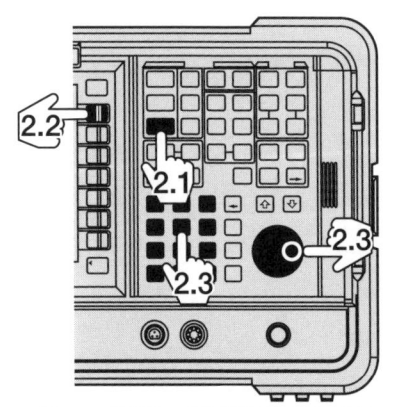

図6.9　画面に目的信号がでない場合のレファレンス・レベルを設定する

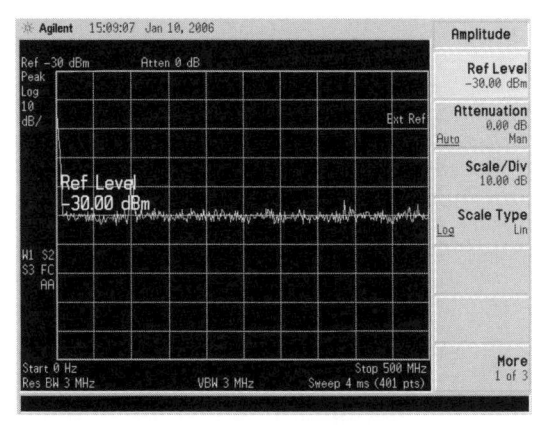

画面6.9　レファレンス・レベルを設定する（－30dBm）

次にスパン周波数を設定します．図6.12の [SPAN X scale]（👆5.1）で**画面6.12**を表示→ [Span]（👆5.2）→スパン周波数を入力（👆5.3）します．

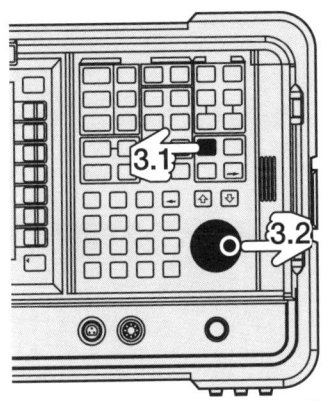

図6.10　マーカ・ポイントを目的信号に移動させる

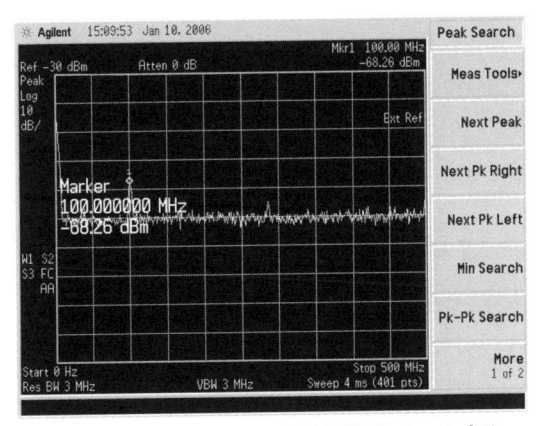

画面6.10　マーカ・ポイントを目的信号にセットする

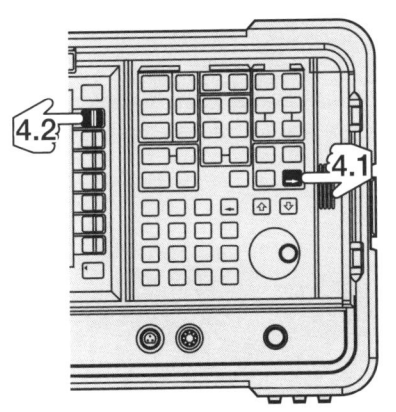

図6.11　センタ周波数を表示させる

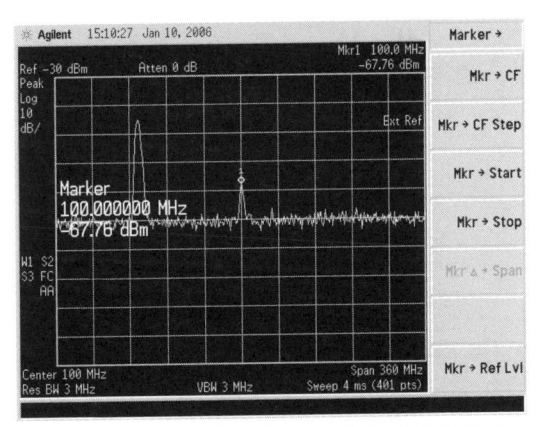

画面6.11　マーカ・ポイントをセンタ周波数に設定する

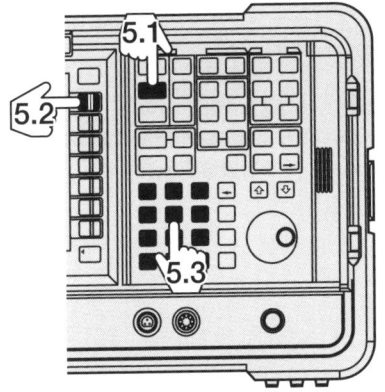

図6.12　スパン周波数を設定する

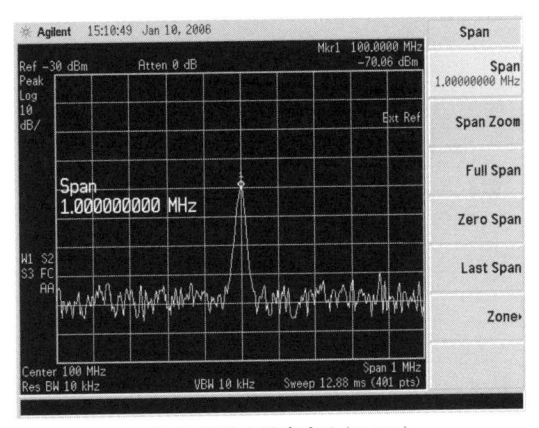

画面6.12　スパン周波数を設定する（1MHz）

57

⑥マーカでレベルを読み取る

　図6.13(☜6.1)[Marker]を押すと画面6.13が表示されます．ノブ(☜6.2)でマーカ・ポイントを移動してレベルを読むか，[Peak Search](☜6.3)でレベルを読み取ります．

⑦周波数を読み取る

　目的の波形にマーカ・ポイントをセットします．

　図6.14の[Freq Count](☜7.1)→[Marker Count]をOn(☜7.2)で周波数を読み取ります(画面6.14)．

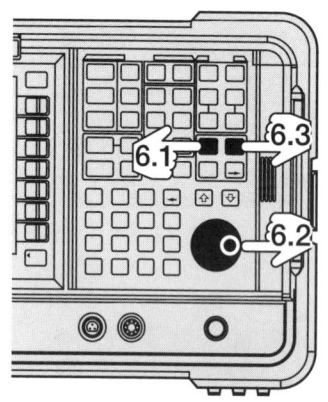

図6.13　マーカでレベルを読み取る

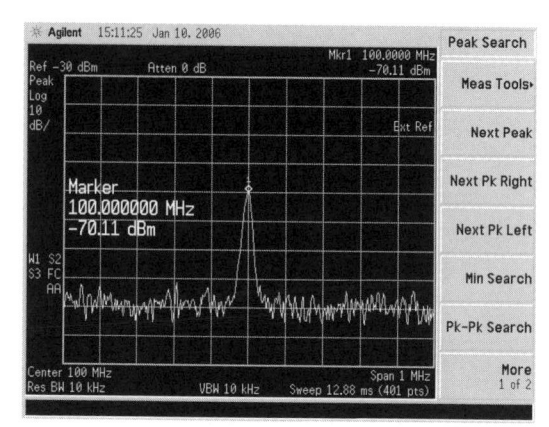

画面6.13　マーカで周波数とレベルを表示する

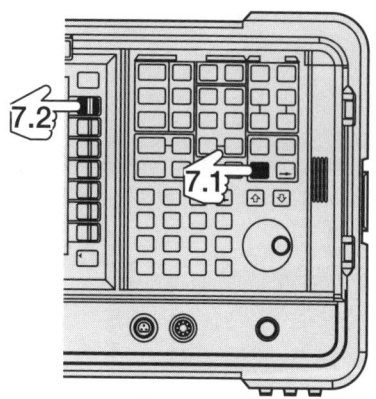

図6.14　周波数を読み取る

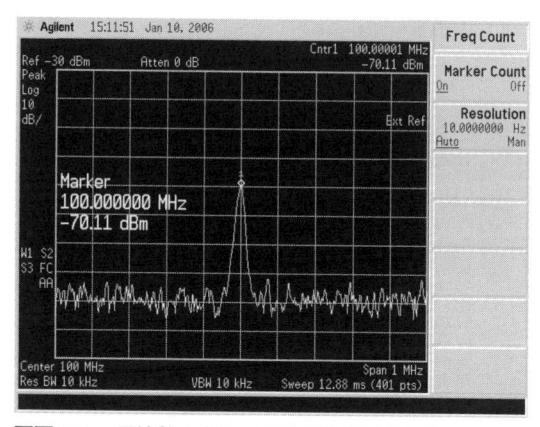

画面6.14　周波数カウンタで周波数を表示する

送信機のスプリアス測定

送信機から発生する目的以外の信号をスプリアス信号と呼びます．
ひずみや回路間の干渉によって生じる不必要な成分や，目的周波数の整数倍に現れる高調波も含みます．
スプリアスは他の通信に妨害を与えることがあるために，法令でレベルが規定されています．ここではこのスプリアスの測定方を説明します．

● 機器のセットアップ

被測定機器とスペクトラム・アナライザは，図6.15のように接続します．
たとえば，出力が100W（50dBm）の送信機のスプリアスを測定する場合には，直接スペクトラム・アナライザに接続することはできないため，何らかの方法で信号レベルを下げる必要があります．
理屈では50dBの減衰量をもつアッテネータを接続すればよいことになりますが，アッテネータの耐電力などの関係で，通常はCM型方向性結合器やカプラを使用して測定を行います．

● 高調波とスプリアスの測定

①スタート周波数とストップ周波数を設定する
送信周波数と測定したい高調波の次数を考慮して決定します．たとえば，送信周波数14MHzの信号の7倍高調波まで測定したい場合には，スタート周波数を14MHz以下に，ストップ周波数を98MHz以上に設定します．図6.16に示す「FREQUENCY Channel」（☞1.1）から「Start Freq」（☞1.2）でスタート周波数を，「Stop Freq」（☞1.4）でストップ周波数をテン・キー（☞1.3）で設定します（**画面6.15，画面6.16**）．
②マーカ・ポイントを基本波に移動する
［Peak Search］でマーカ・ポイントを基本波に移動します（**画面6.17**）．
③マーカ・ポイントを基準レベルに設定する

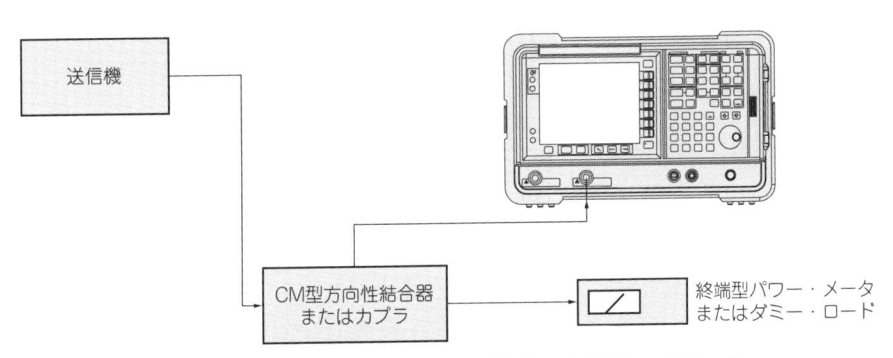

図6.15　スプリアス測定，AM変調度測定，占有周波数帯域の測定セットアップ
方向性結合器カプラは，送信電力に合ったものを使用すること

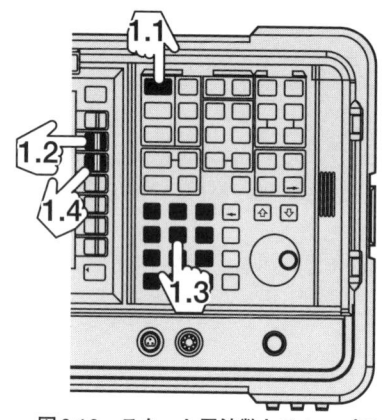

図6.16 スタート周波数とストップ周波数を設定する

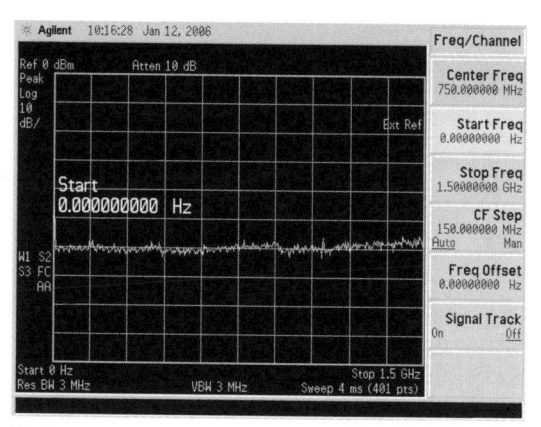

画面6.15 スタート周波数を設定する(0Hz)

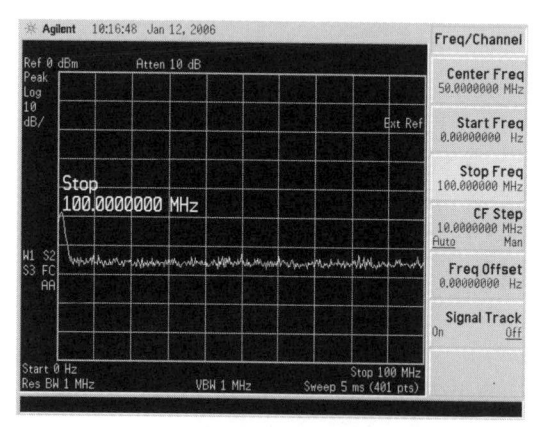

画面6.16 ストップ周波数を設定する(100MHz)

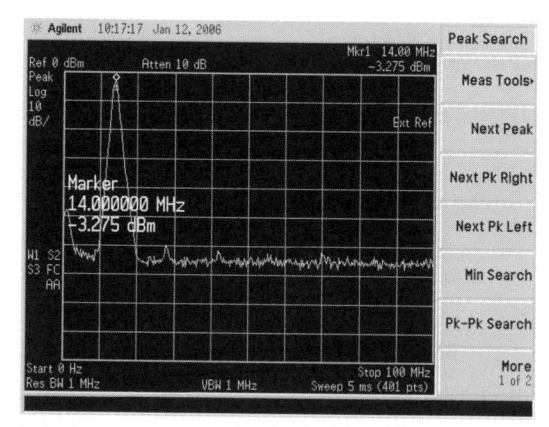

画面6.17 マーカ・ポイントを基本波に移動する

　図6.17の［Marker→］(☞3.1)で画面6.18を表示させ［Mkr→Ref Lvl］(☞3.2)でマーカ・ポイントを基準レベルに設定します．
④高調波のレベルが低いときにはResBW(RBW)を狭めたり，VideoBW(VBW)を波形が表示されるように設定する図6.18(☞4.1)(画面6.19)
　スプリアスの絶対値を求めるには，マーカをスプリアスの波形に合わせてレベルを測定します(画面6.20)．
　基本波とスプリアスの相対値を求める場合には，基本波のレベルからスプリアスのレベルを減算するか，デルタ・マーカを使用します(画面6.21)．

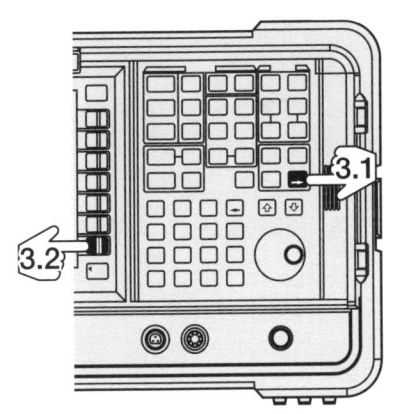

第6章 測定 ● 送信機のスプリアス測定

図6.17 マーカ・ポイントを基準レベルに設定する

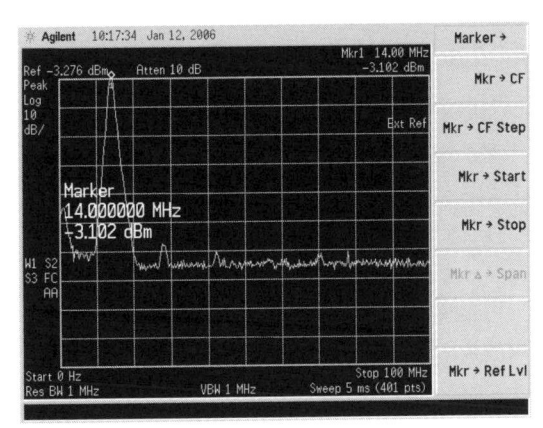

画面6.18 マーカ・ポイントをレファレンス・レベルに設定する

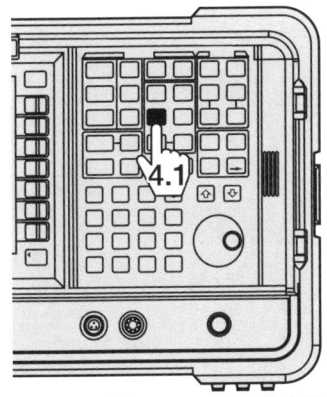

図6.18 入力信号レベルが低いときはRBW/VBWを設定し直す

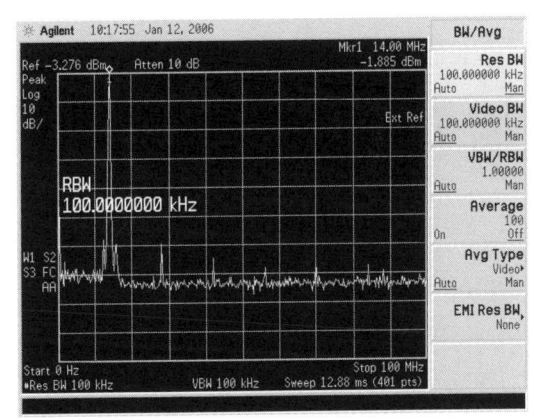

画面6.19 スプリアスが表示されるようにRBW/VBWを設定する

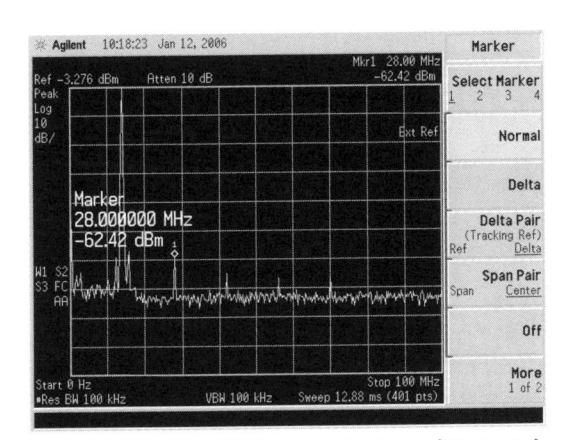

画面6.20 マーカ・ポイントを測定するスプリアスに合わせて絶対値を測定する

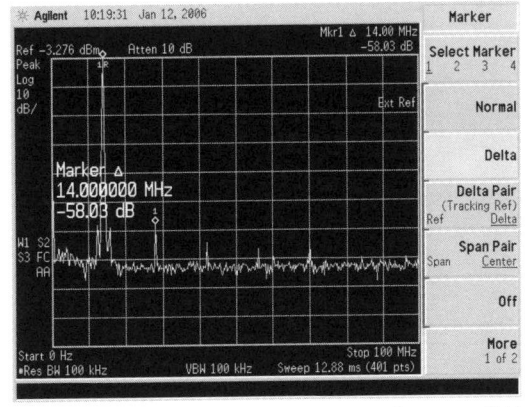

画面6.21 デルタ・マーカで基本波とスプリアスの相対値を測定する

61

●近接スプリアスの測定

近接スプリアスとは，高調波と異なり基本波の近くに発生するスプリアスを指します．

図6.19にしたがって，基本波の周波数をセンタ周波数に設定します．

①マーカ・ポイントを基本波に移動する

[Peak Search]（☞1.1）でマーカ・ポイントを基本波に移動します（**画面6.22**）．

②マーカ・ポイントをセンタ周波数に設定する

[Marker→]（☞2.1）で表示される**画面6.23**から，[Mkr→CF]（☞2.2）でマーカ・ポイントをセンタ周波数に設定します．

③スパン周波数を設定する

[SPAN X scale]（☞3.1）で**画面6.24**が表示され，[Span]（☞3.2）からスパン周波数入力（☞3.3）もしくはノブ（☞3.4）でスパン周波数を設定します．

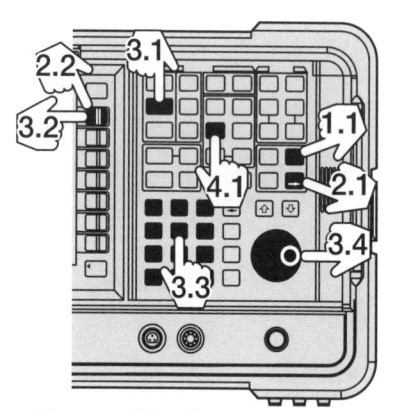

図6.19 近接スプリアス測定の手順

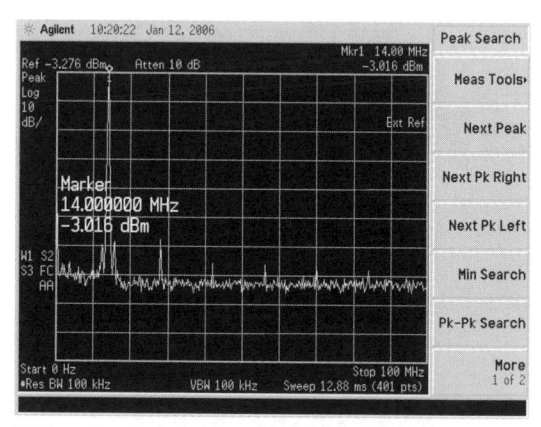

画面6.22 マーカ・ポイントを基本波にセットする

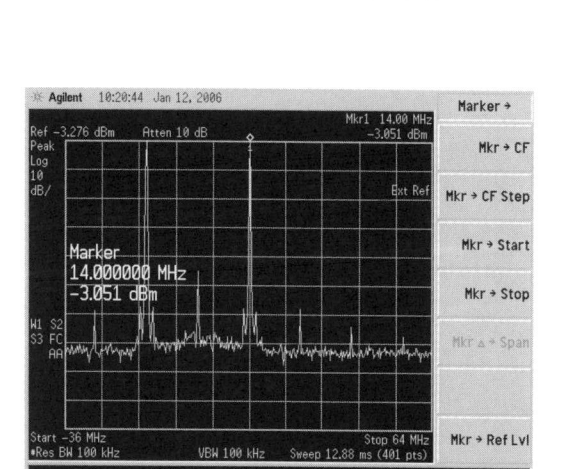

画面6.23 マーカ・ポイント（基本波周波数）をセンタ周波数に設定する

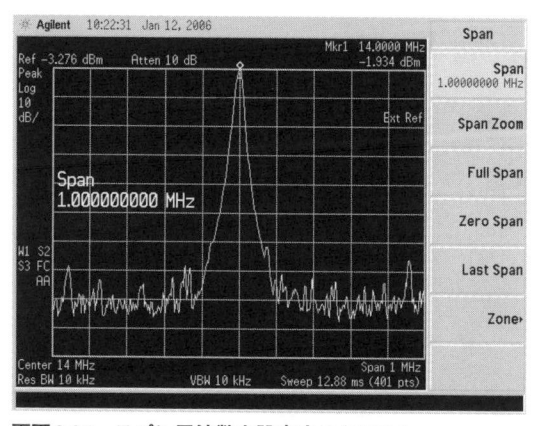

画面6.24 スパン周波数を設定する（1MHz）

④高調波のレベルが低いときには（☞4.1）で**画面6.25**を表示させ，RBWを狭めたりVBWを波形が表示されるように設定できます．

　スプリアスの絶対値を求めるには，マーカをスプリアスの波形に合わせてレベルを測定します（**画面6.26，画面6.27**）．

　基本波とスプリアスの相対値を求める場合には，基本波のレベルからスプリアスのレベルを減算するか，デルタ・マーカを使用します（**画面6.28，画面6.29**）．

●スプリアス測定時の注意

　入力信号のレベルによっては，被測定物が発生するスプリアスではなく，スペクトラム・アナライザ自身のひずみが原因で発生した信号の場合があります．判定方法は，入力信号とスペクトラム・ア

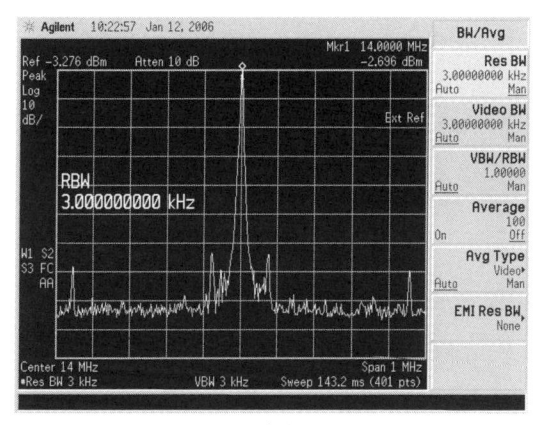

画面6.25　RBW/VBWを設定する（RBW 3kHz）

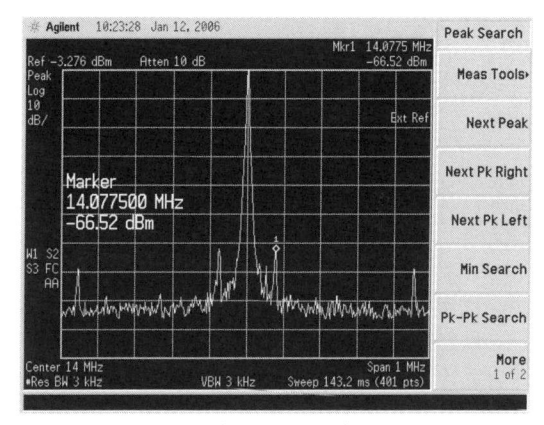

画面6.26　マーカ・ポイントをスプリアスにセットしてレベルと周波数を測定する

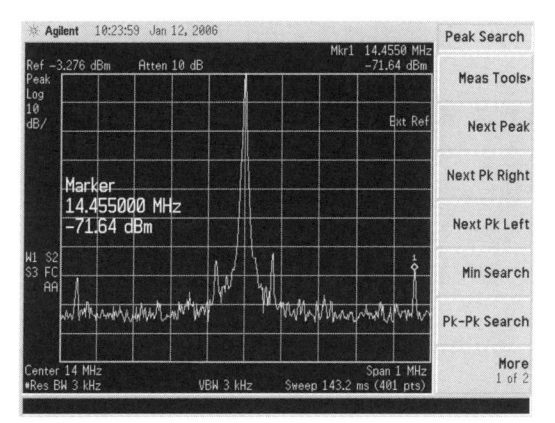

画面6.27　マーカ・ポイントをスプリアスにセットしてレベルと周波数を測定する

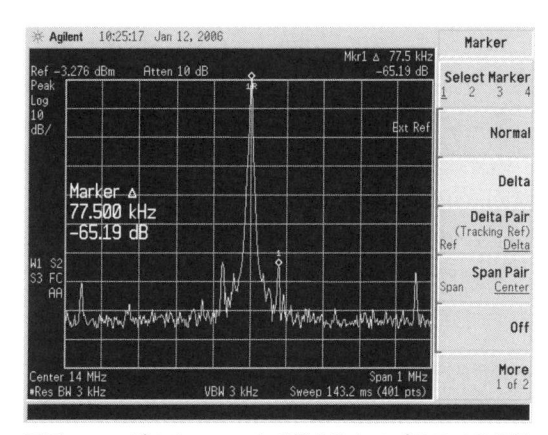

画面6.28　デルタ・マーカで基本波とスプリアスの相対値を測定する

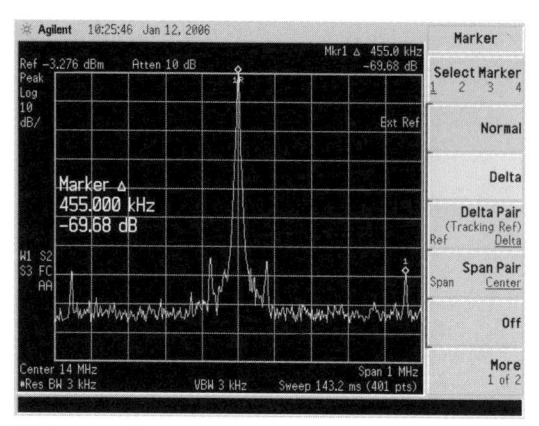

画面6.29 デルタ・マーカで基本波とスプリアスの相対値を測定する

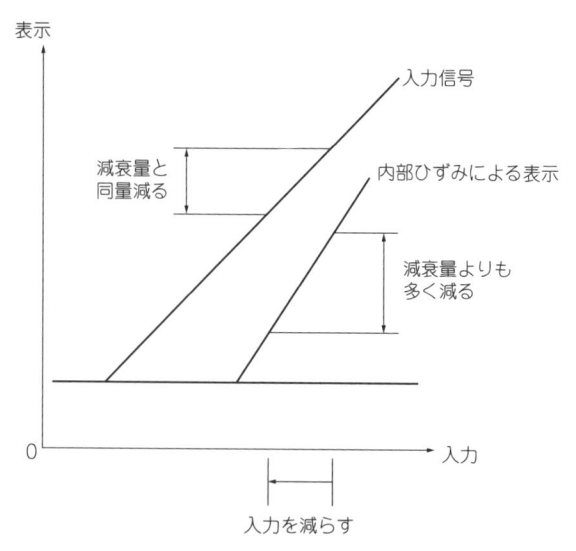

図6.20 内部ひずみによる表示の確認法

ナライザの間に，3dBほどのアッテネータを挿入します．レベルが3dB下がれば被測定物のスプリアス，3dB以上下がればスペクトラム・アナライザが発生するひずみと考えられるので，入力信号のレベルを下げるなどの対策を行う必要があります（**図6.20**）．

また，ダミーロードではなく，ダイオードを使用した終端型電力計を接続すると，ダイオードでひずみが発生する場合があります．

AM変調度の測定

振幅変調（AM：Amplitude Modulation）は変調方式の一つで，情報をキャリア（搬送波）の強弱で伝達する方式です．

簡単な回路で復調できるため，中波ラジオ放送や短波放送，航空無線などで使用されています．

AM波は，変調度の値が大きいほど信号波の振幅が大きくなり，効率が良い通信となりますが，変調度が100％を超えると，復調信号の波形が歪み，占有帯域幅が増加してほかの通信に妨害を与えることがあります．このような状態を過変調と呼びます．AM波のスペクトラムは**図6.21**のようになります．

測定機器の接続は，**図6.15**に示したスプリアス測定の場合と同じです．くれぐれも過大入力には注意してください．

●縦軸ログ・スケールでの測定方法

①全掃引もしくはスタート周波数，エンド周波数を設定し，目的の波形を確認します．
周波数がわかっている場合には，次のステップから始めます（**画面6.30**）．

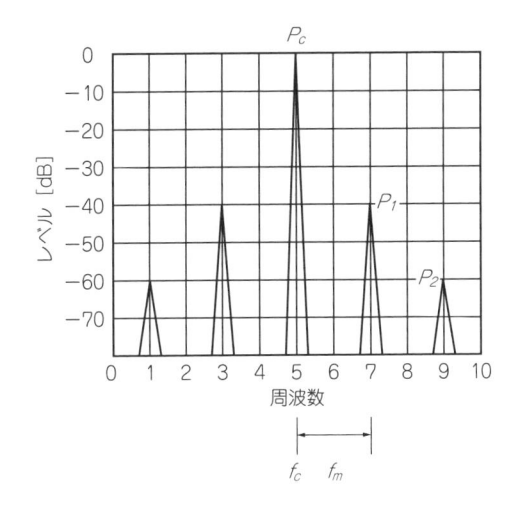

第6章 測定　● AM変調度の測定

図6.21 振幅変調波のスペクトラム

- AM変調度：m

$$20\log\frac{m}{2} = P_c - P_1 \cdots (式6.1)$$

- AM変調度：m

$$m(\%) = 2 \times 搬送波と単側波帯の比 \cdots (式6.2)$$

$$m(\%) = \left(\frac{E_{max} - E_{min}}{E_{max} + E_{min}}\right) \times 100 \cdots (式6.3)$$

m：AM変調度
E_{max}：振幅最大値
E_{min}：振幅最少値
f_c：搬送波周波数
f_m：変調波周波数
P_c：搬送波レベル
P_1：変調波レベル
P_2：変調波第2高調波レベル

②マーカもしくはセンタ周波数指定で信号をセンタ周波数に設定します（**画面6.31**，**画面6.32**）．
③搬送波と変調波が分離して表示されるようにスパン周波数もしくはRBWを設定します（**画面6.33**）．
④搬送波のレベルをレファレンス・レベルに設定します（**画面6.34**）．
⑤デルタ・マーカなどを使用して搬送波と変調波のレベル差を計測します（**画面6.35**）．
　計測した搬送波と変調波のレベル差から図6.21中の式6.1から変調度を計算します．

● 2次の変調ひずみの測定

2次の変調ひずみは$P_1 - P_2$で計測できます．2次の変調ひずみの測定方法は次のようになります．
手順①〜④までは前項の縦軸ログ・スケールのときと同じです．

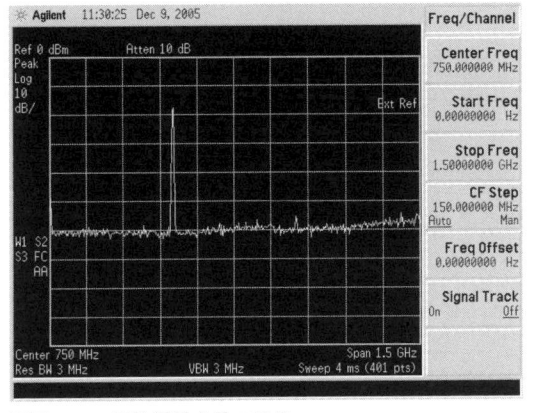

画面6.30　目的信号を見つける 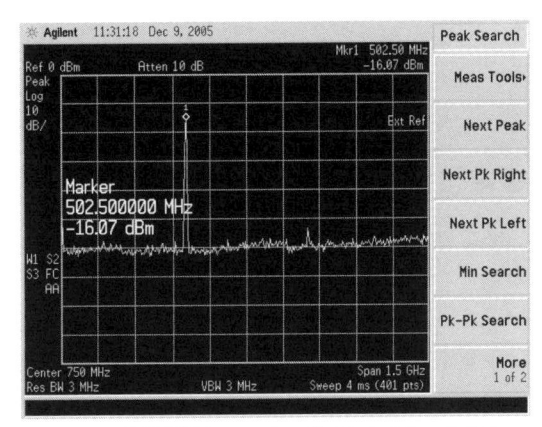　　　　　画面6.31　目的信号にマーカ・ポイントをセットする

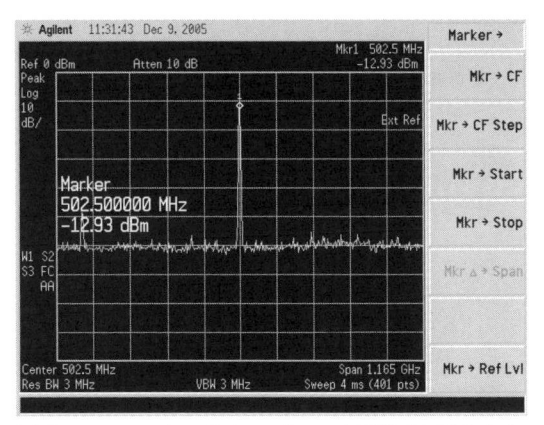

画面6.32　マーカ・ポイントをセンタ周波数に設定する

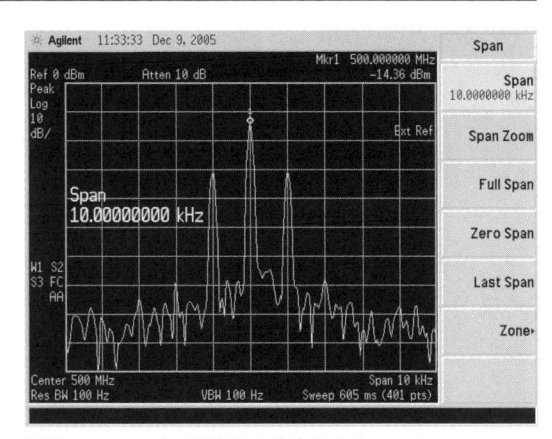

画面6.33　スパン周波数を設定する（10kHz）

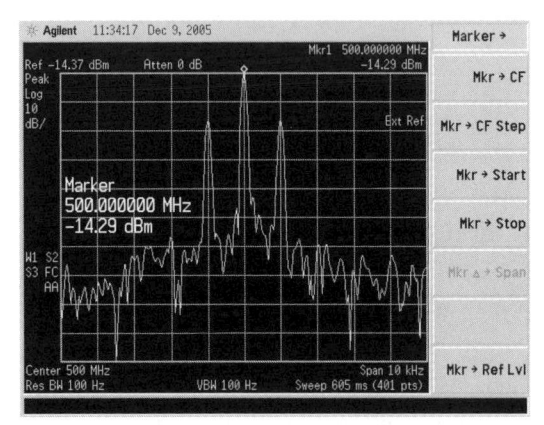

画面6.34　搬送波のレベルをレファレンス・レベルに設定する

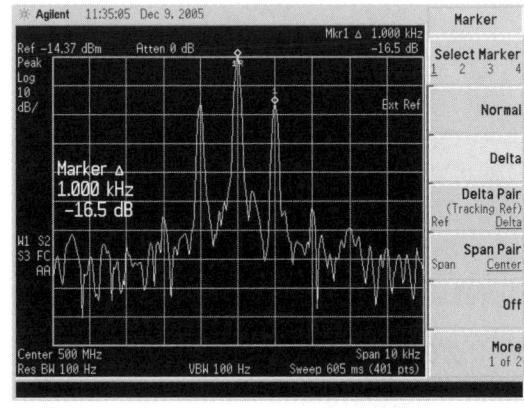

画面6.35　デルタ・マーカで搬送波と変調波のレベル差を測定する

⑤変調波第2高調波が見にくいときにはVBWを設定して波形を表示させます（**画面6.36**）．
⑥デルタ・マーカなどを使用して変調波P_1と変調波第2高調波のレベル差を計測します（**画面6.37**）．

●縦軸リニア・スケールでの測定

　変調度は単側波帯と搬送波の振幅比です．そのため前項の計測ではlogで計測しているために計算式が難しくなります．
　そこで縦軸のスケールをリニア・スケールで計測します．測定の手順は次のとおりです．
　手順①～⑤までは縦軸ログ・スケールのときと同じです．
⑥縦軸をリニア・スケールに変更．
　　図6.22の［AMPLITUDE Y Scale］（6.1）で表示される**画面6.38**のメニュー・キーから，［Scale

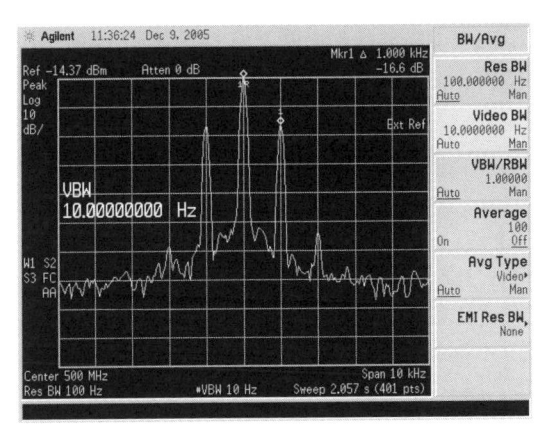

第6章 測定 ● AM変調度の測定

画面6.36 VBWを設定し変調波第二高調波レベルを見やすくする

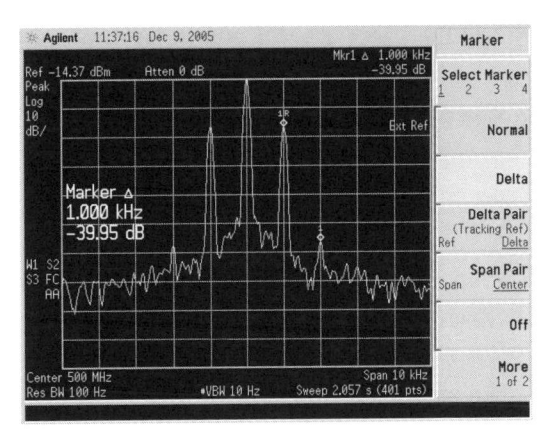

画面6.37 デルタ・マーカで変調波と変調波第二高調波のレベル差を測定する

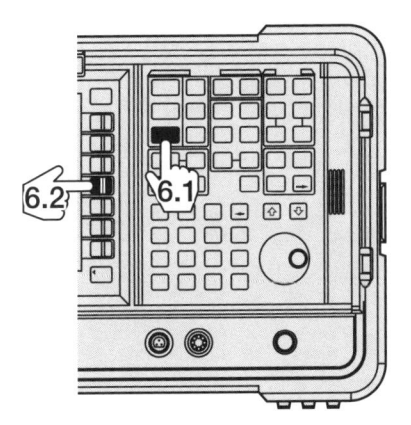

図6.22 縦軸をリニア・スケールに変更する

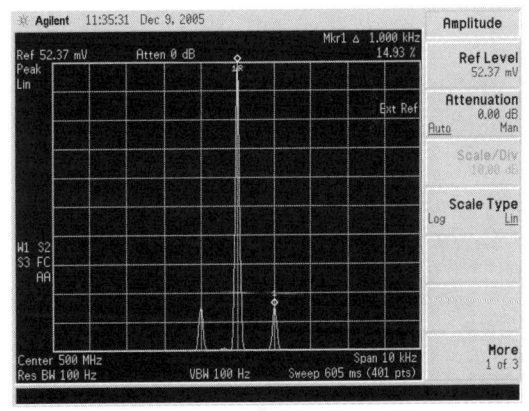

画面6.38 縦軸リニア・スケールで搬送波と変調波のレベル差を測定する

Type Lin]（☝6.2）でlogからリニアに変更できます．
⑦デルタ・マーカを使用して搬送波と変調波のレベル差を計測します（**画面6.38**）．
　搬送波のレベルを100%としたときの変調波のレベルが直読できます．
　したがってサンプル画面の変調度mは，**図6.21**中の式6.2から，
　　$m = 2 \times 14.93 = 29.83\%$
と簡単に計算できます．

●ゼロ・スパンを使用した測定

　変調周波数が低く，変調度を測定するにはスペクトラム・アナライザの分解能が不足する場合には，スパンをゼロ・スパン（ZERO Span）に設定し，周波数固定の受信機として動作させ，タイム・ドメインでの測定を行います．

①全掃引もしくはスタート周波数,ストップ周波数を設定し,目的の波形を確認します(画面6.39).
②マーカもしくはセンタ周波数指定で信号をセンタ周波数に設定します(画面6.40,画面6.41).
③縦軸をリニア・スケールに変更します.

　前項縦軸リニア・スケールでの測定の⑥と同じ操作［AMPLITUDE Y Scale］-［Scale Type］-［Lin］でリニア・スケールで表示させます(画面6.42)
④ゼロ・スパンに設定します.

　図6.23に示すように［SPAN X Scale］(☝4.1)→［Zero Span］(☝4.2)でゼロ・スパンが設定されます(画面6.43).
⑤波形が適当な大きさに表示されるようにレファレンス・レベルを設定します.

　図6.24の［AMPLITUDE Y Scale］(☝5.1)から［Ref Level］(☝5.2)で見やすい大きさになるようレベルを設定します(画面6.44).
⑥マーカを使用して図6.25の手順で振幅の最大値と最小値を計測します.

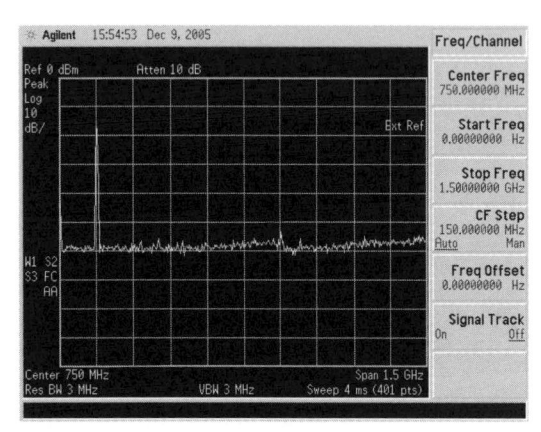

画面6.39　目的信号を見つける

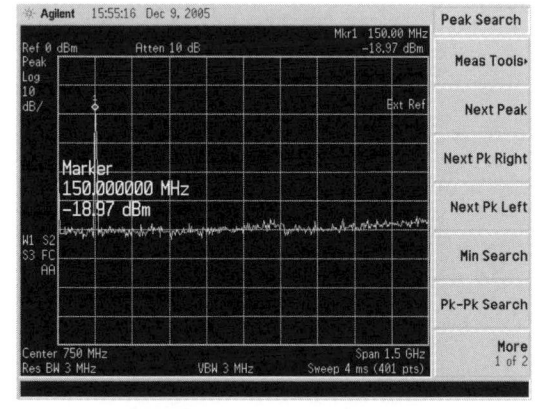

画面6.40　目的信号にマーカ・ポイントをセットする

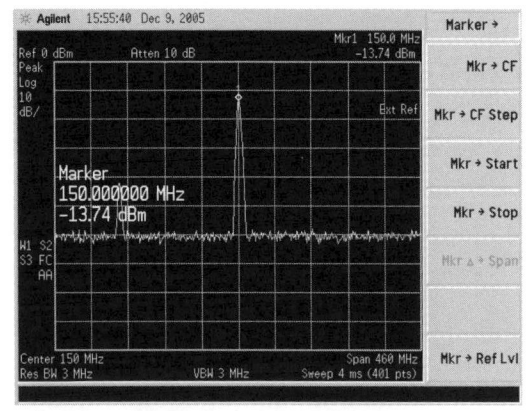

画面6.41　目的信号をセンタ周波数に設定する

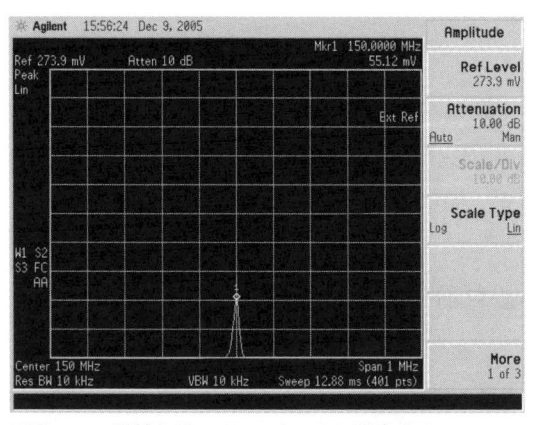

画面6.42　縦軸をリニア・スケールに設定する

第6章 測定 ● AM変調度の測定

[PeakSearch]（👆6.1）で最大値計測が**画面6.45**のように表示されます．
[PeakSearch]（👆6.1）→ [MinSearch]（👆6.2）最小値計測が**画面6.46**のように観測できます．

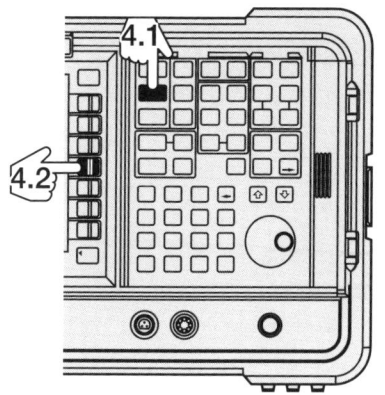

図6.23 ゼロ・スパンを設定する

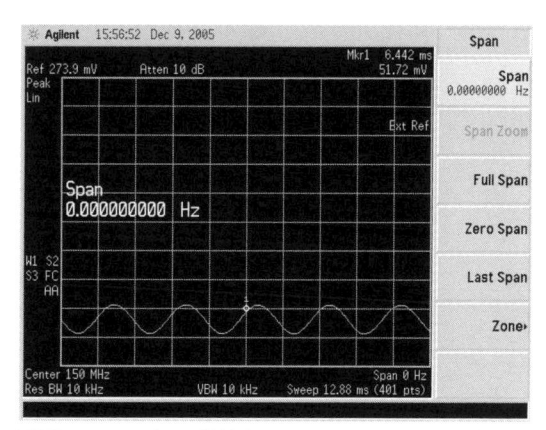

画面6.43 スパン周波数を0Hz（ゼロ・スパン）に設定する

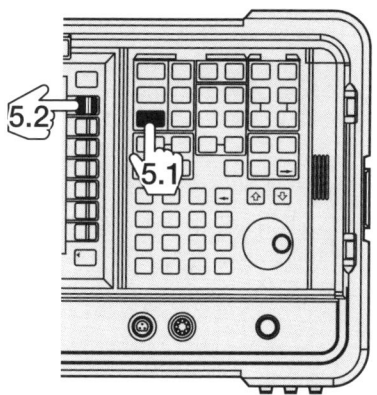

図6.24 レファレンス・レベルを設定する

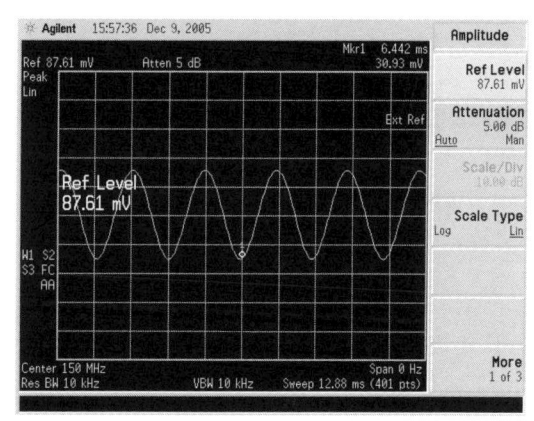

画面6.44 波形が適当な大きさに表示されるようにレファレンス・レベルを設定する

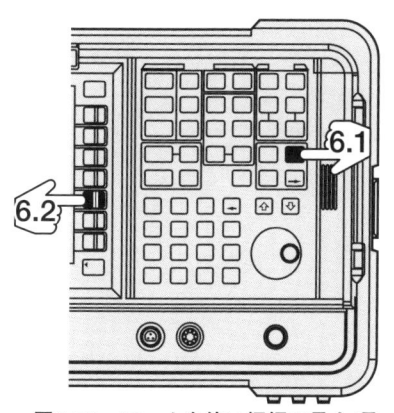

図6.25 マーカを使い振幅の最大/最小を計測する

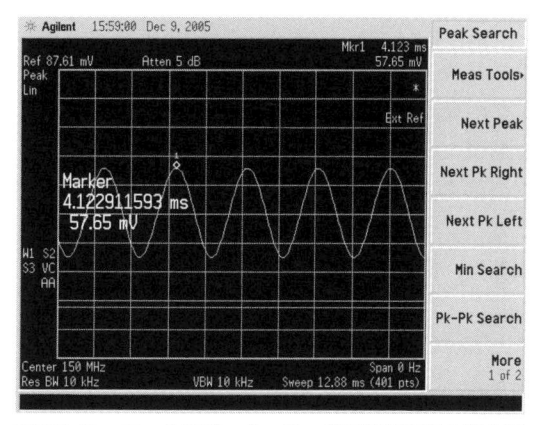

画面6.45 マーカのピーク・サーチで振幅の最大値を測定する

69

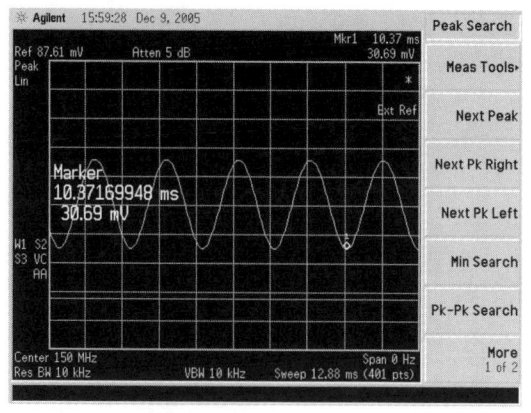

画面6.46 マーカのMinサーチで振幅の最小値を測定する

　求めた最大値と最小値から図6.21中の式6.3を使って，変調度を計算します．この方法なら面倒な対数計算をしなくて済みます．

SSB送信機のIMDの測定

　SSBとはSingle Side Bandの略で，日本語では単側波帯と表現されるAM波の一種です．
　AM波より搬送波と片側の側波帯を削除した電波で，同じベースバンド情報を伝送するのに，AM波に比べて占有周波数帯域が半分，高周波パワーが1/4と通常のAM波と比較して高効率ですが，送受信回路ともに複雑な回路が必要になります．このSSBは，アマチュア無線や短波帯の通信に使用されています．
　SSB波は，情報が入力されると信号が発生するために応答性と直線性の良い増幅器やミキサが必要になります．SSB送信機やリニア・アンプの性能を表す指標の一つに相互変調歪IMD(Inter Modulation Distortion)があります(図6.26)．
　SSB送信機のマイク入力に，ツー・トーン信号を加えてその送信信号を観測します．
　ツー・トーン信号の周波数は，一般的には1000Hzと1575Hzが使用されていますが，スペクトラム・アナライザの分解能が足りない場合は500Hzと2000Hzでも測定可能です．
　今回は500Hzと2000Hzで測定を行います．**画面6.47**と**画面6.48**に500Hz，2000Hzのシングル・トーン波形を，**画面6.49**にツー・トーンの波形を示します．ツー・トーンになることで，歪みが発生することがよくわかります．
　機器は，図6.27のように接続します．くれぐれも過大入力には注意してください．

●測定方法

　図6.28が操作手順です
①送信周波数をセンタ周波数に設定します．
　　[FREQUENCY Channel]（☞1.1）→ [Center Freq]（☞1.2）→テン・キーからセンタ周波数を入

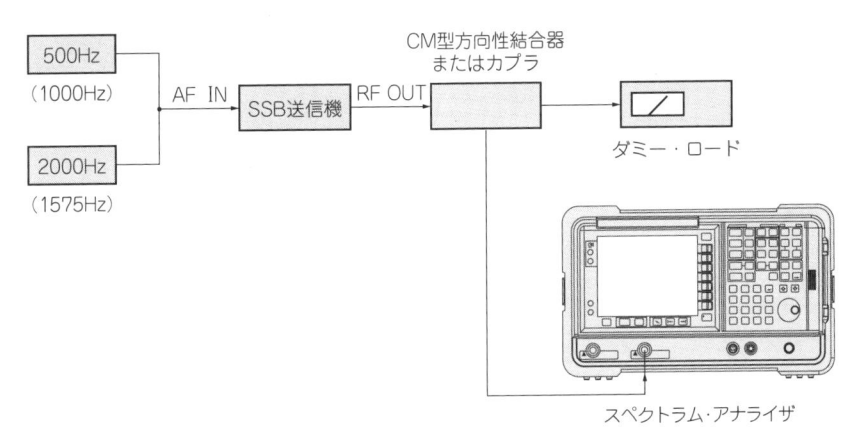

第6章 測定　● SSB送信機のIMDの測定

図6.27　SSB送信機のIMD測定のセットアップ

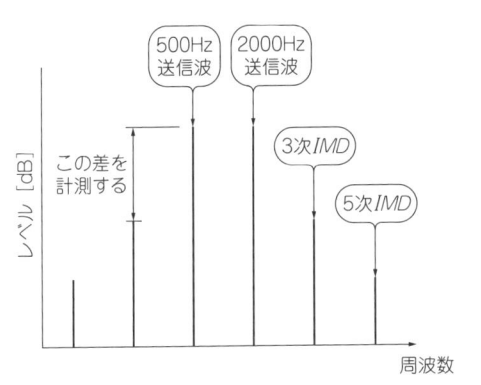

図6.26　送信IMD

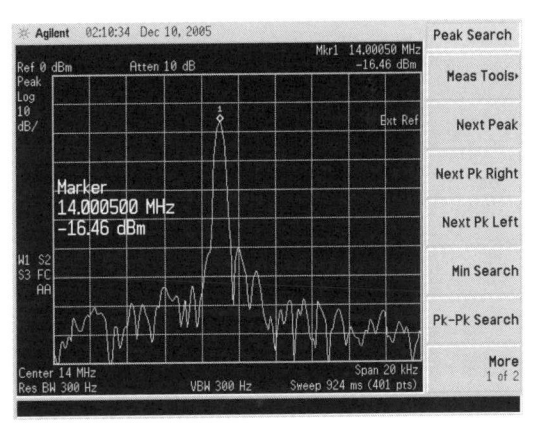

画面6.47　500Hzシングル・トーン波形

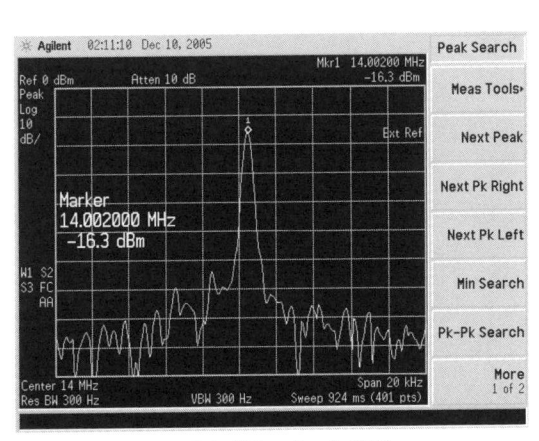

画面6.48　2000Hzシングル・トーン波形

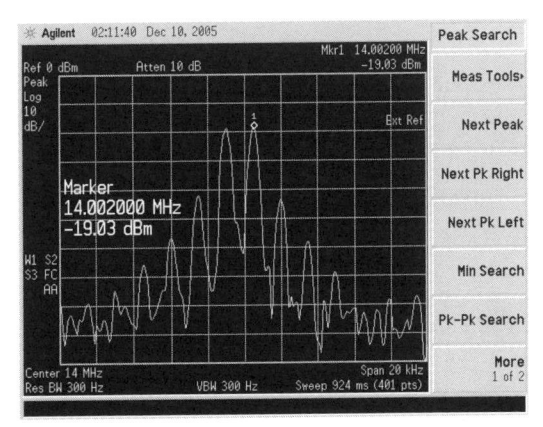

画面6.49　ツー・トーン波形

71

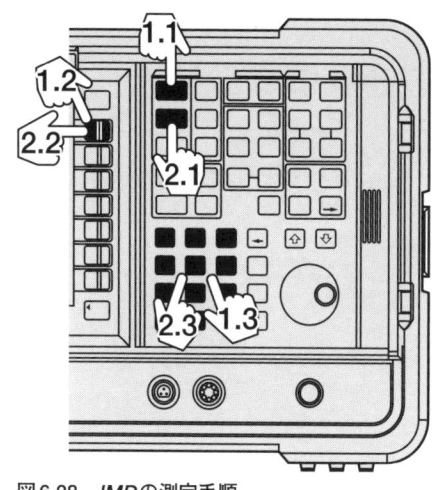

図6.28　IMDの測定手順

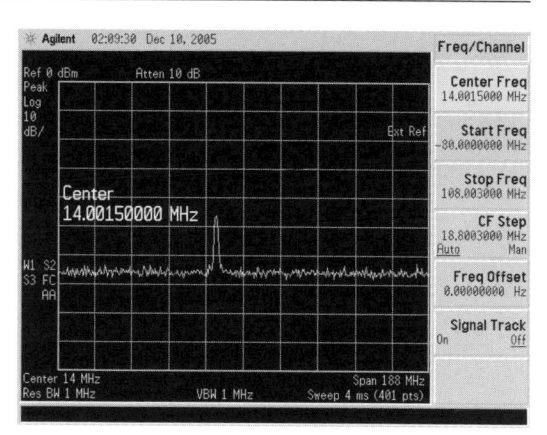

画面6.50　送信周波数をセンタ周波数に設定する

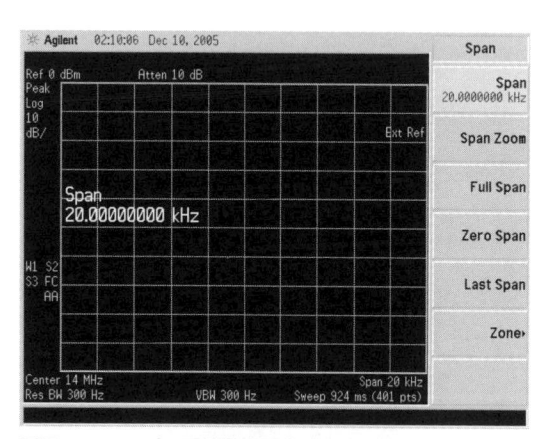

画面6.51　スパン周波数を設定する（20kHz）

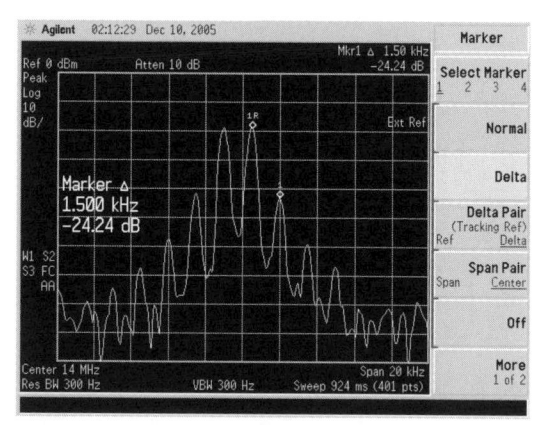

画面6.52　IMDレベルを測定する

力（👆1.3）（**画面6.50**）します．

②ツー・トーン信号の周波数差が，分離して表示されるようにスパン周波数もしくは，RBWを設定します．

　［SPAN X scale］（👆2.1）→［Span］（👆2.2）→スパン周波数を入力（👆2.3）（**画面6.51**）します．

③デルタ・マーカなどを使用して基本波と3次IMDのレベル差を計測します（**画面6.52**）．

占有周波数帯域幅の測定

　占有周波数帯域幅は，全幅射電力の99%が含まれる帯域幅を示します．

　以前はスペクトラム・アナライザの測定結果をコンピュータに取り込み，演算させて求めていまし

たが，最近は内部演算で測定可能な機種が増えてきました．今回も内蔵の演算を使用した測定方法を説明します．

機器のセットアップは，図6.15に示したスプリアス，AM変調度の測定と同じです．くれぐれも過大入力には注意してください．

●測定方法

測定の手順を図6.29に示します．
①送信周波数をセンタ周波数に設定する

［FREQUENCY Channel］(👆1.1)で画面6.53を表示させ，［Center Freq］(👆1.2)→センタ周波数(送信周波数)入力(👆1.3)で設定します．

②スパン周波数を設定する

「SPAN X Scale」(👆2.1)で画面6.54を表示させ，「Span」(👆2.1)→スパン周波数をテン・キーで入力します(👆2.3)．

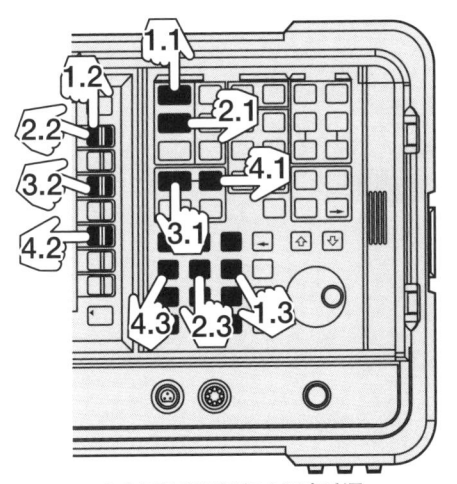

図6.29 占有周波数帯域幅の測定手順

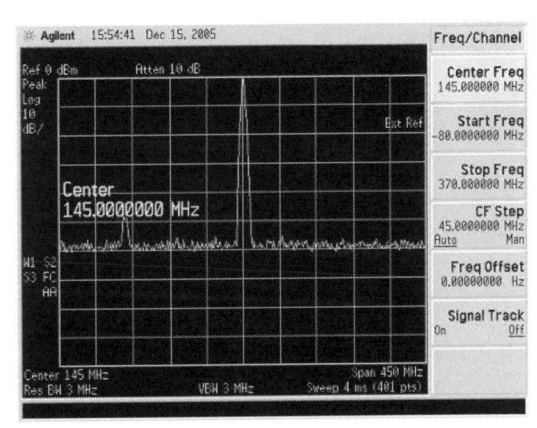

画面6.53 送信周波数をセンタ周波数に設定する

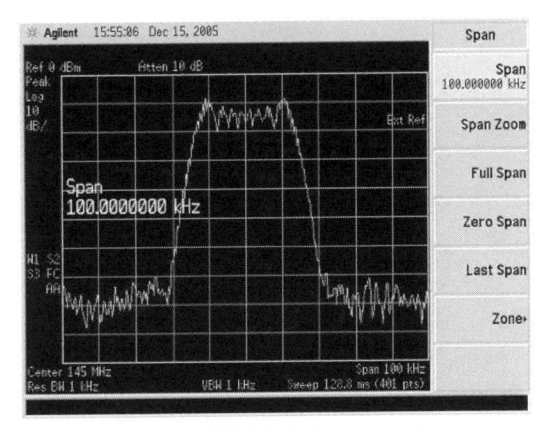

画面6.54 スパン周波数を設定する(100kHz)

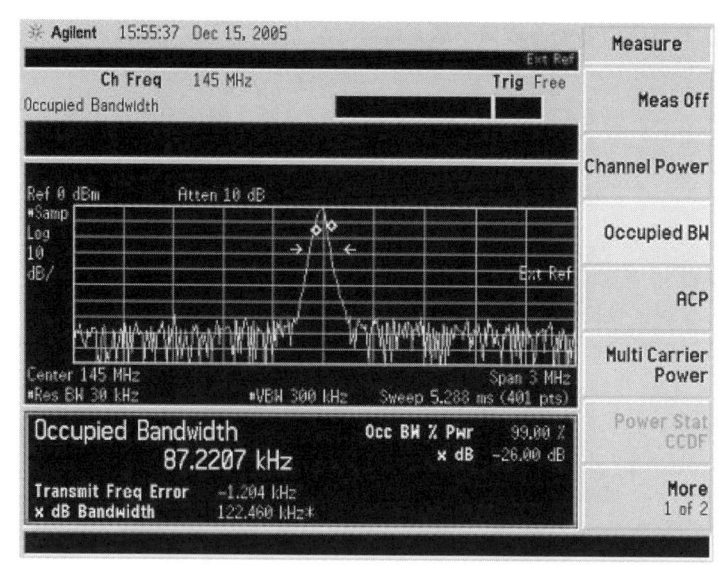

画面6.55　演算機能を設定する

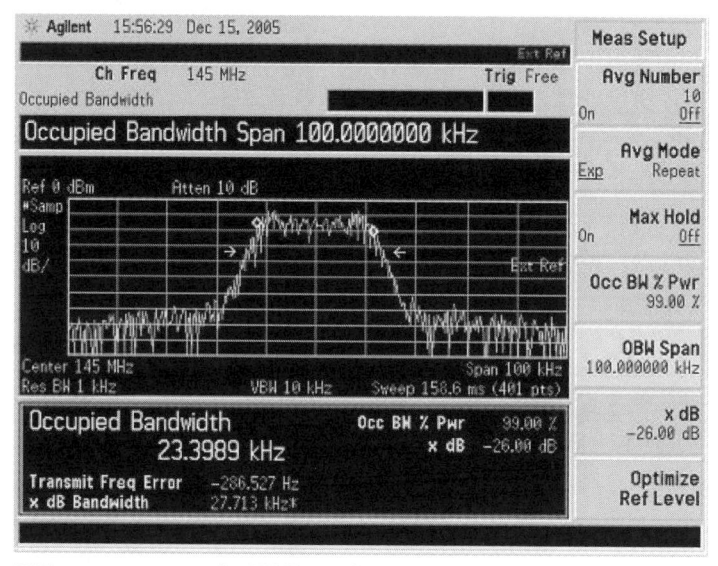

画面6.56　OBWのスパン周波数を設定後に帯域幅を読み取る

③演算機能を設定する

　［MEASURE］（☞3.1）で画面6.55に表示が変わり，［Occupied BW］（☞3.2）設定できます．

④Occupied Band Widthのスパンを設定する

　「Meas Setup」（☞4.1）で画面6.56になり「OBE Span」（☞4.2）スパンの入力設定をします（☞4.3）（画面6.56）．

⑤画面6.56から演算結果を読み取る

第7章
トラッキング・ジェネレータを使用した測定

トラッキング・ジェネレータとは

　トラッキング・ジェネレータとは，スペクトラム・アナライザの局部発振周波数と同期して，受信周波数と同じ周波数の信号を発生させる装置です．**図7.1**にトラッキング・ジェネレータのブロック図を示します．
　スイープしながら受信しているといえるスペクトラム・アナライザの受信周波数に合わせて，シグナル・ジェネレータが信号を出していると考えるとわかりやすいかもしれません．このトラッキング・ジェネレータからの信号を，被測定物であるフィルタやアンプに入力し，その出力をスペクトラム・アナライザで測定すると，被測定物の周波数特性を直視することができます．

● 測定前に必要なノーマライズ

　周波数特性を測定する際に，トラッキング・ジェネレータやスペクトラム・アナライザから被測定物までのケーブルなどに含まれる周波数特性をキャンセルし，被測定物単体の周波数特性を測定することができます．この機能をノーマライズ機能と呼びます．
　画面7.1がトラッキング・ジェネレータ─測定用ケーブル─スペクトラム・アナライザという接続で測定した波形です．これが測定用ケーブルとコネクタの周波数特性です．**画面7.2**はノーマライズなしで，先ほどの測定用ケーブルを使って被測定物を測定した波形です．次に同じ接続でノーマライズ機能を使うと，**画面7.3**の波形が得られます．

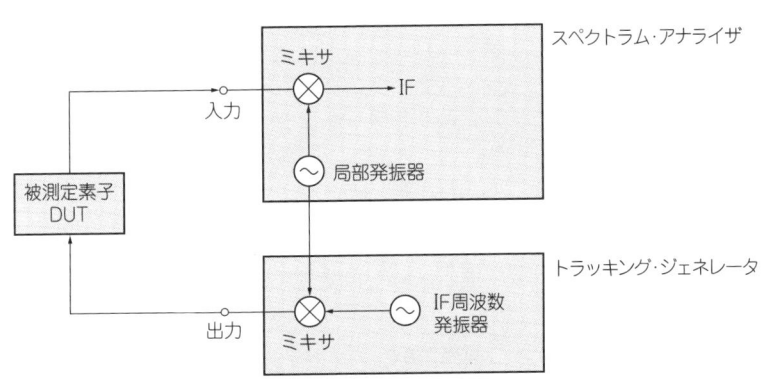

図7.1　トラッキング・ジェネレータの原理

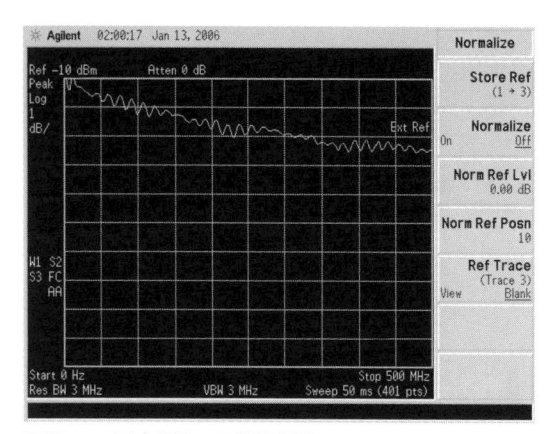

画面 7.1　測定経路の周波数特性

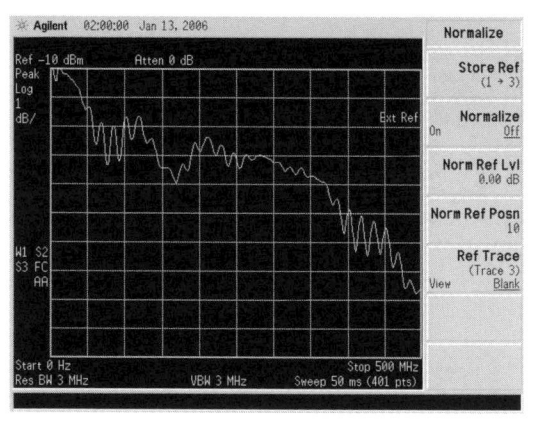

画面 7.2　ノーマライズなしの周波数特性

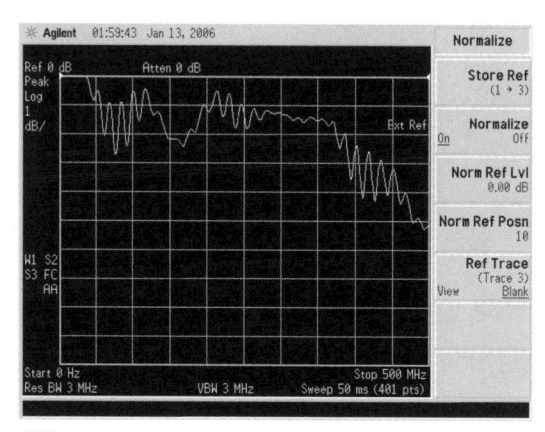

画面 7.3　ノーマライズありの周波数特性

　画面 7.3 は，画面 7.2 から画面 7.1 の成分がキャンセルされています．これで正確な被測定物の周波数特性を知ることができます．

●ノーマライズ方法

　図 7.2 のように，スペクトラム・アナライザのトラッキング・ジェネレータ出力(RF OUT)と信号入力を接続します．
　次に被測定物をはずし，代わりにショート・プラグでケーブルをスルーにします．次の手順でノーマライズを行います．
①スタート周波数，ストップ周波数，分解能帯域幅を設定する(画面 7.4，画面 7.5)
②トラッキング・ジェネレータを有効にする
　図 7.3 の［Source］(☞2.1)で表示される画面 7.6 のソフト・キー［Amplitude］(☞2.2)を On に設定します．

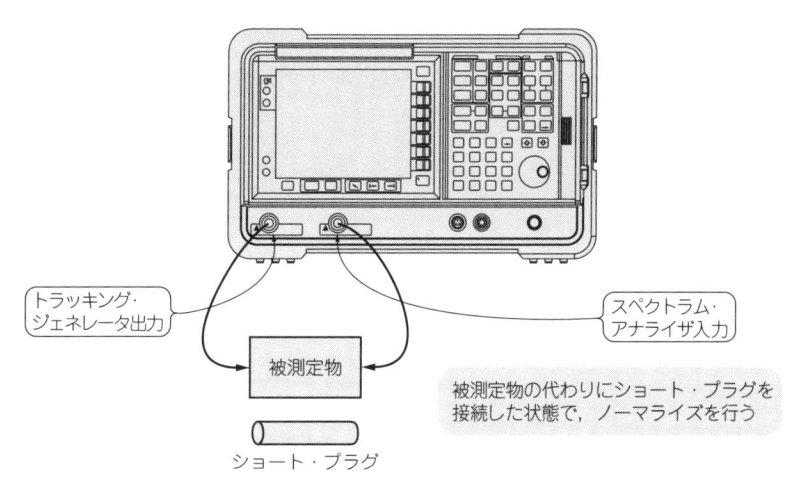

図7.2　ノーマライズを行う

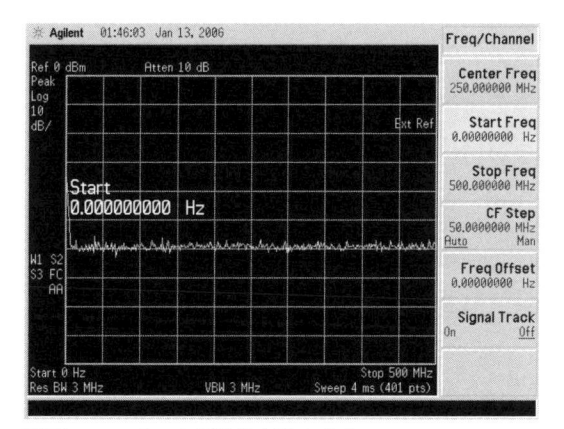

トラッキング・ジェネレータ出力
被測定物
スペクトラム・アナライザ入力
ショート・プラグ
被測定物の代わりにショート・プラグを接続した状態で，ノーマライズを行う

画面7.4　スタート周波数を設定する

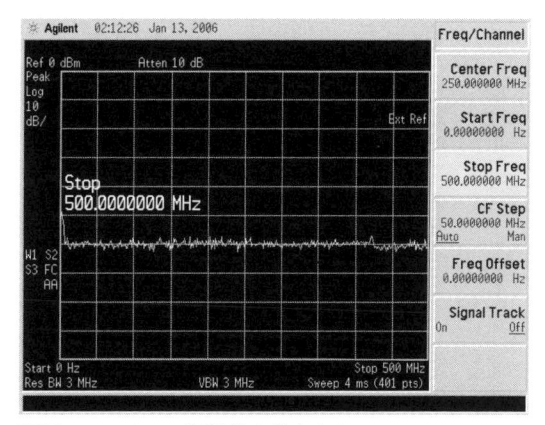

画面7.5　ストップ周波数を設定する

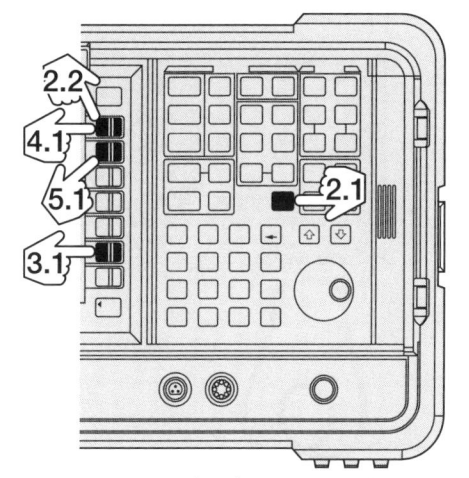

図7.3　トラッキング・ジェネレータを有効にする

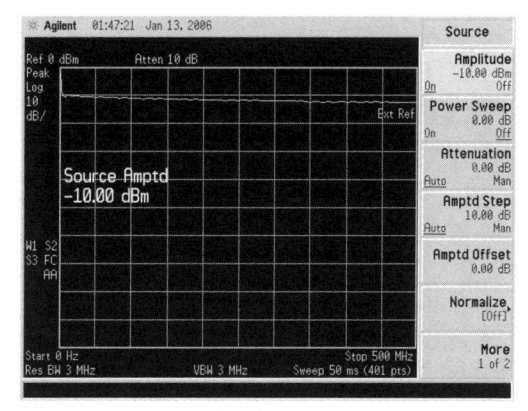

画面7.6　トラッキング・ジェネレータ機能を有効にする

③ノーマライズのメニューを表示する

画面7.6のSource画面にあるソフト・キー［Normalize］(☞3.1)でノーマライズのメニュー画面7.7が表示されます．

④レファレンスのストア

ノーマライズは初期波形をメモリにストア(保存)し，内部で引き算を行う処理を行います．そのために初期波形をストアします．

ノーマライズのメニューにある［Store Ref］(☞4.1)でストアします．

⑤ノーマライズを行う

ノーマライズのメニューにある［Normalize］(☞5.1)がOnに設定されるとノーマライズされます(画面7.7)．

上記の①～⑤の設定でショート・プラグを含んだ測定経路の周波数特性がノーマライズされ，実際の測定値からキャンセルされます．

●同軸ケーブルの周波数特性と減衰量の測定

では，同軸ケーブルの減衰を測定してみましょう．機器のセットアップは，トラッキング・ジェネレータ出力と信号入力コネクタを，図7.4のように測定する同軸ケーブルで接続します．

同軸ケーブルとコネクタは50Ωのものを使用します．操作は図7.5の手順です．

①イニシャライズを行うかフル・スパン状態にする

［Preset］(☞1.1)キーでスペクトラム・アナライザをイニシャライズし初期状態に戻すか，次の操作でフル・スパンにします(画面7.8)．

［Span X Scale］(☞1.2)からソフト・キー［Full Span］(☞1.3)

②トラッキング・ジェネレータを有効にする

［Source］(☞2.1) - ［Amplitude］(☞2.2)でOnにするとトラッキング・ジェネレータが有効になります(画面7.9)．

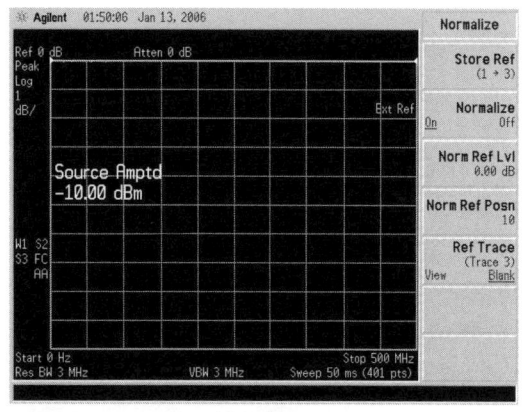

画面7.7　ノーマライズ実行画面

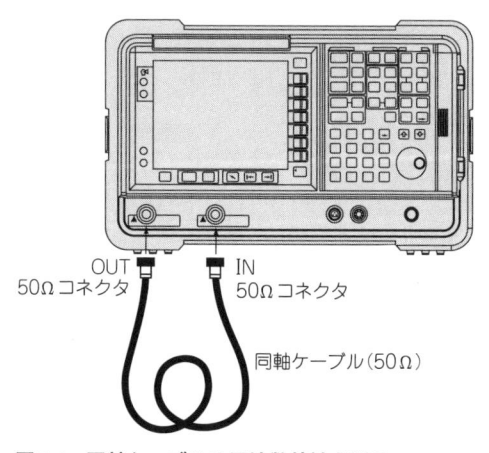

図7.4　同軸ケーブルの周波数特性を測る

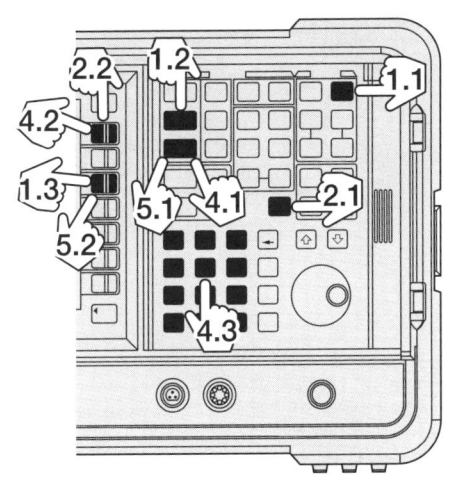

図7.5 同軸ケーブル測定の操作手順

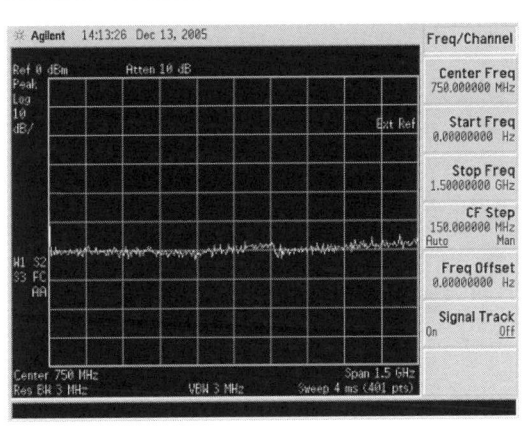

画面7.8 フル・スパンに設定する

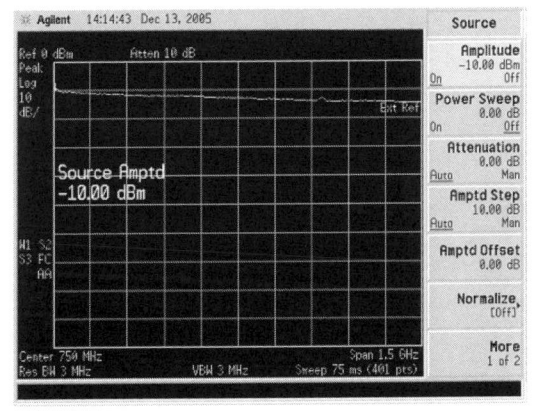

画面7.9 トラッキング・ジェネレータを有効にする

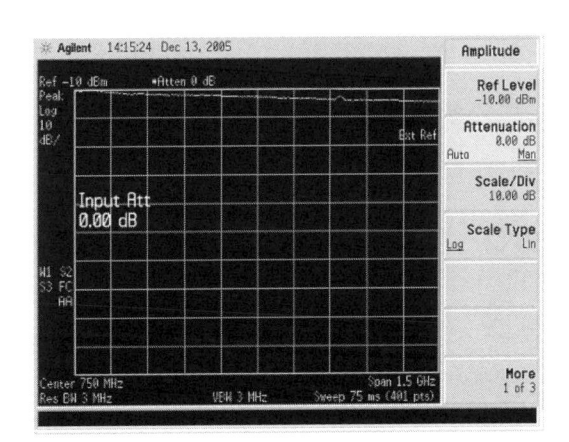

画面7.10 レファレンス・レベルを設定する（-10 dBm）

③周波数特性と減衰量を画面から読み取る

本章の例のように減衰量が少ない場合には，縦軸のスケールが10 dB/Divでは荒いので，細かく設定します．

④レファレンス・レベルを設定する

トラッキング・ジェネレータの出力が-10 dBmに設定されているため，レファレンス・レベルを-10 dBmに設定します．

［AMPLITUDE Y Scale］（4.1）-［Ref Level］（4.2）からテン・キー（4.3）で［1］［0］，ソフト・キーで［-dBm］と入力します（**画面7.10**）．

⑤縦軸のスケールを変更する

［AMPLITUDE Y Scale］（5.1）-［Scale/Div］（5.2）からテン・キーで［1］→ソフト・キーで［dB］と設定し，縦軸（Y軸）を1 dB/Divにします（**画面7.11**）．

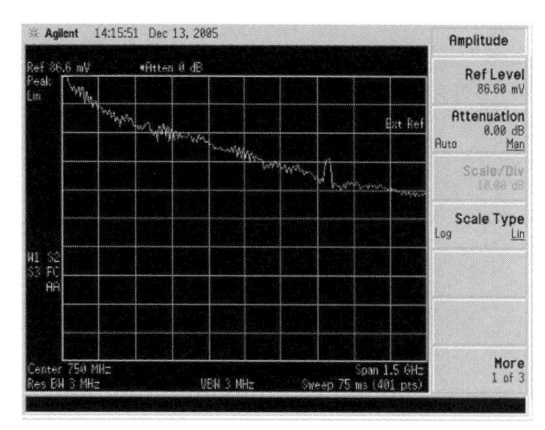

画面7.11　縦軸のスケールを変更する（1 dB/Div）

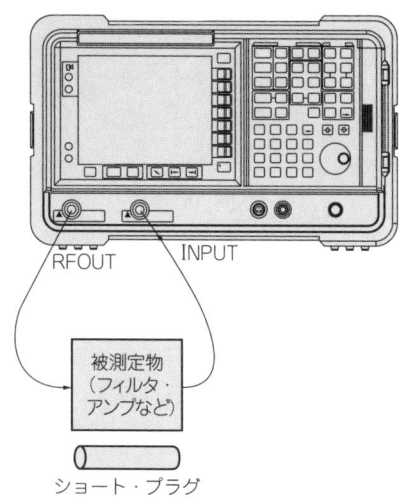

図7.6　フィルタ測定のセットアップ

●ローパス・フィルタなどの周波数特性の測定

　次に送信機に外付けするローパス・フィルタの特性を測定してみましょう．CM型方向性結合器やカプラ，アッテネータなどの周波数特性の測定も基本的に同じです．

　機器のセットアップは，図7.6のようにインピーダンス整合がとれたケーブルを使用し，トラッキング・ジェネレータ出力と信号入力コネクタの間に，測定するローパス・フィルタを接続します．

　スペクトラム・アナライザの操作手順は図7.7のとおりです．

　最初は被測定物のローパス・フィルタの代わりに，ショート・プラグをつないでおきます．

①スタート周波数とストップ周波数を設定する

　測定範囲の周波数を設定します．サンプルのフィルタは，アマチュア無線用50 MHz帯対応LPFを使用したので，0 Hz～200 MHzまで観測してみます．

　［FREQUENCY Channel］（☞1.1）で表示される画面から［Start Freq］（☞1.2）を選びテン・キーで［0］，ソフト・キーで［Hz］を選びます．

　［FREQUENCY Channel］（☞1.1）→［Stop Freq］（☞1.3）からテン・キーで［2］，［0］，［0］ソフト・キーで［MHz］と入力します（画面7.12）．

②分解能帯域幅を設定する

　ノイズ・フロアを下げるためにRBWを設定します．

　［BW/Avg］（☞2.1）からソフト・キー［Res BW Man］（☞2.2）からテン・キーで100 kHzを設定します（画面7.13）．

③トラッキング・ジェネレータの出力を0 dBmに変更後，トラッキング・ジェネレータを有効にする

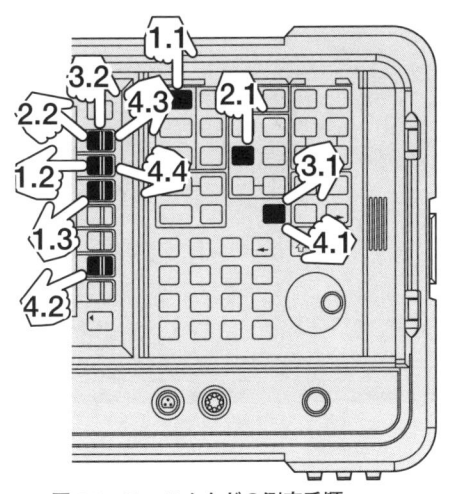

第7章 トラッキング・ジェネレータを使用した測定 ● トラッキング・ジェネレータとは

図7.7 フィルタなどの測定手順

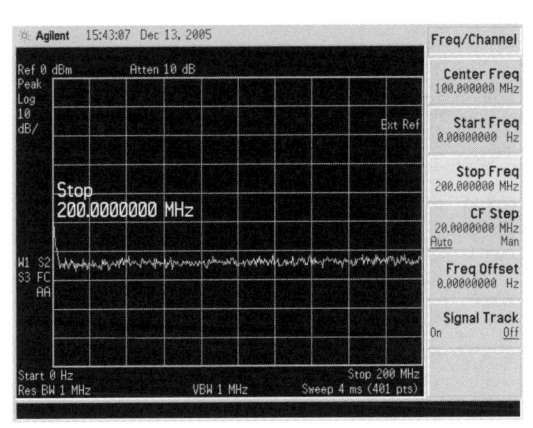

画面7.12 スタート周波数とストップ周波数を設定する

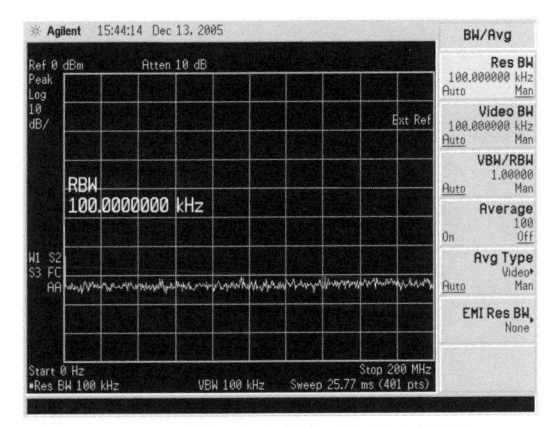

画面7.13 RBWを設定しノイズ・フロアを下げる

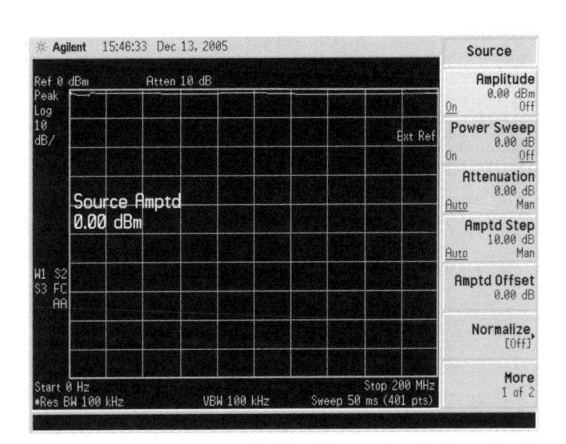

画面7.14 トラッキング・ジェネレータの出力レベルを変更後，トラッキング・ジェネレータ機能を有効にする

　[Source]（👆3.1）→ [Amplitude]（👆3.2）からテン・キーで[0]，ソフト・キーで[dBm]と設定します．これでトラッキング・ジェネレータの出力レベルが0 dBmに設定されました．
　[Source]（👆3.1）-[Amplitude On]（👆3.2）でトラッキング・ジェネレータが機能し，**画面7.14**が表示されます．
④ノーマライズを行う
　[Source]（👆4.1）→ [Normalize]（👆4.2）-[Strre Ref]（👆4.3）-[Normalize On]（👆4.4）（**画面7.15**）
⑤ショート・プラグを測定するフィルタと交換して測定すると，**画面7.16**のようにフィルタの特性を表示させることができる

81

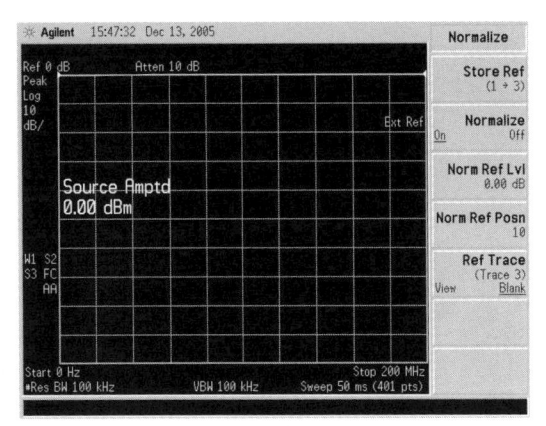

画面7.15　ノーマライズを行う

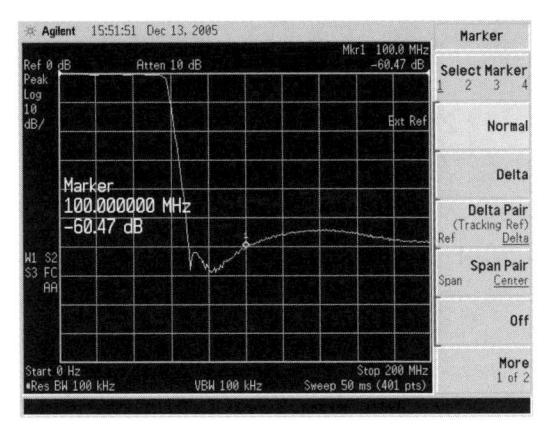

画面7.16　ショート・プラグを測定するフィルタに取り換える

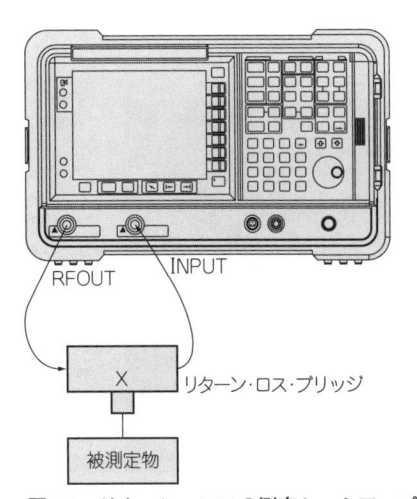

図7.8　リターン・ロスの測定セットアップ

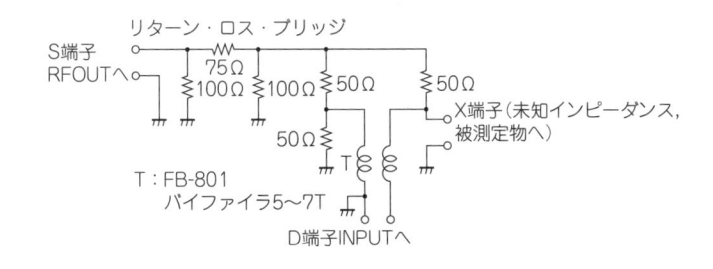

●リターン・ロスの測定

　リターン・ロスとは回路での電力の反射量を表す数値で，VSWRとよく似ています．リターン・ロスを測定するには，図7.8のリターン・ロス・ブリッジを使用します．

　リターン・ロス・ブリッジを使用した測定は小さな電力でマッチングを測定できるために，被測定回路に与える影響を小さくすることができます．またアンテナのマッチングを測定する場合にも，空間に放射する電力が少なくてすむメリットがあります．

　リターン・ロスからVSWRへの変換は表7.1を参照して行います．

　機器のセットアップは図7.8のように接続します．測定の手順を図7.9に示します．

①スタート周波数とストップ周波数を設定する

　測定範囲の周波数を設定します．今回は200 MHzまで観測します．

表7.1 VSWR-リターン・ロス(R.L)換算表

VSWR	R.L(dB)	VSWR	R.L(dB)	VSWR	R.L(dB)	VSWR	R.L(dB)	VSWR	R.L(dB)	VSWR	R.L(dB)
1.005	52.063	1.175	21.888	1.345	16.647	1.515	13.775	1.685	11.865	1.855	10.473
1.010	46.064	1.180	21.664	1.350	16.540	1.520	13.708	1.690	11.818	1.860	10.437
1.015	42.564	1.185	21.446	1.355	16.435	1.525	13.642	1.695	11.772	1.865	10.402
1.020	40.086	1.190	21.234	1.360	16.332	1.530	13.577	1.700	11.725	1.870	10.367
1.025	38.170	1.195	21.028	1.365	16.231	1.535	13.513	1.705	11.680	1.875	10.333
1.030	36.607	1.200	20.828	1.370	16.131	1.540	13.449	1.710	11.634	1.880	10.298
1.035	35.290	1.205	20.633	1.375	16.033	1.545	13.386	1.715	11.589	1.885	10.264
1.040	34.151	1.210	20.443	1.380	15.936	1.550	13.324	1.720	11.545	1.890	10.230
1.045	33.150	1.215	20.259	1.385	15.841	1.555	13.262	1.725	11.501	1.895	10.197
1.050	32.256	1.220	20.079	1.390	15.747	1.560	13.201	1.730	11.457	1.900	10.163
1.055	31.449	1.225	19.903	1.395	15.654	1.565	13.141	1.735	11.413	1.905	10.130
1.060	30.714	1.230	19.732	1.400	15.563	1.570	13.081	1.740	11.370	1.910	10.097
1.065	30.040	1.235	19.564	1.405	15.473	1.575	13.022	1.745	11.328	1.915	10.064
1.070	29.417	1.240	19.401	1.410	15.385	1.580	12.964	1.750	11.285	1.920	10.032
1.075	28.839	1.245	19.241	1.415	15.297	1.585	12.906	1.755	11.244	1.925	10.000
1.080	28.299	1.250	19.085	1.420	15.211	1.590	12.849	1.760	11.202	2.000	9.542
1.085	27.794	1.255	18.932	1.425	15.126	1.595	12.792	1.765	11.161	2.100	8.999
1.090	27.318	1.260	18.783	1.430	15.043	1.600	12.736	1.770	11.120	2.200	8.519
1.095	26.869	1.265	18.636	1.435	14.960	1.605	12.681	1.775	11.079	2.300	8.091
1.100	26.444	1.270	18.493	1.440	14.879	1.610	12.626	1.780	11.039	2.400	7.707
1.105	26.041	1.275	18.353	1.445	14.798	1.615	12.572	1.785	10.999	2.500	7.360
1.110	25.658	1.280	18.216	1.450	14.719	1.620	12.518	1.790	10.960	2.600	7.044
1.115	25.292	1.285	18.081	1.455	14.640	1.625	12.465	1.795	10.920	2.700	6.755
1.120	24.943	1.290	17.949	1.460	14.564	1.630	12.412	1.800	10.881	2.800	6.490
1.125	24.609	1.295	17.819	1.465	14.487	1.635	12.360	1.805	10.843	2.900	6.246
1.130	24.289	1.300	17.693	1.470	14.412	1.640	12.308	1.810	10.804	3.000	6.021
1.135	23.981	1.305	17.567	1.475	14.338	1.645	12.257	1.815	10.766	3.500	5.105
1.140	23.686	1.310	17.445	1.480	14.264	1.650	12.207	1.820	10.729	4.000	4.437
1.145	23.401	1.315	17.325	1.485	14.192	1.655	12.157	1.825	10.691	4.500	3.926
1.150	23.127	1.320	17.207	1.490	14.120	1.660	12.107	1.830	10.654	5.000	3.522
1.155	22.862	1.325	17.091	1.495	14.049	1.665	12.058	1.835	10.617		
1.160	22.607	1.330	16.977	1.500	13.979	1.670	12.009	1.840	10.581		
1.165	22.360	1.335	16.865	1.505	13.910	1.675	11.960	1.845	10.545		
1.170	22.120	1.340	13.755	1.510	13.842	1.680	11.913	1.850	10.509		

　[FREQUENCY Channel]（👆1.1）→［Start Freq］（👆1.2）からテン・キーで0 Hzを設定します．

　[FREQUENCY Channel]（👆1.1）→［Stop Freq］（👆1.3）からテン・キーで200 MHzを設定します
(**画面7.17**)．

②トラッキング・ジェネレータの出力を0 dBm変更後，トラッキング・ジェネレータを有効にする
　[*Source*]（👆2.1）→［Amplitude］をOnにする（👆2.2）にすると，**画面7.18**が表示されます．

③ノーマライズを行う
　このときにはリターン・ロス・ブリッジのX端子(測定物を接続する端子)はオープンにしておきます．

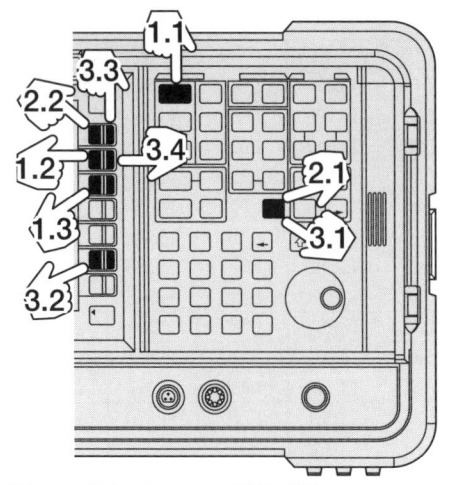

図7.9 リターン・ロスの測定手順

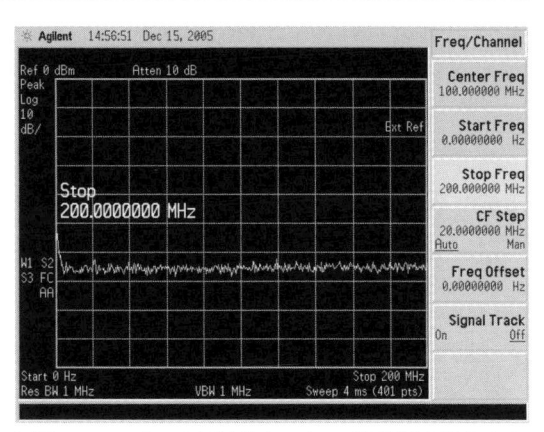

画面7.17 スタート周波数とストップ周波数を設定する

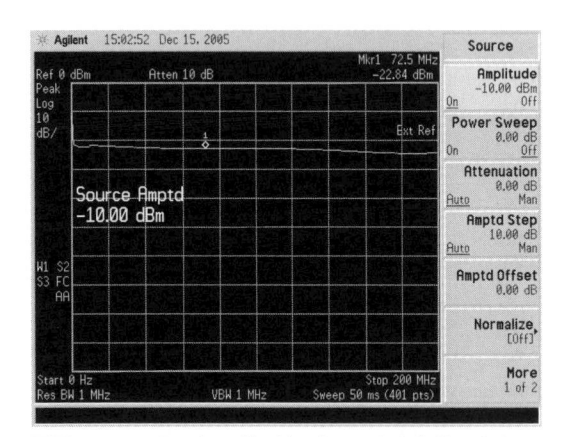

画面7.18 トラッキング・ジェネレータを有効にする

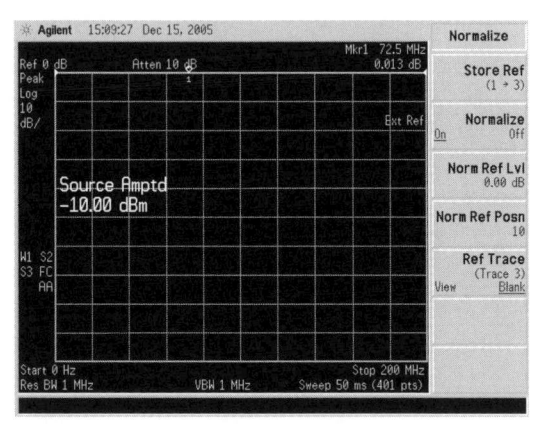

画面7.19 ノーマライズを行う

[Source]（👆3.1）→ [Normalize]（👆3.2）→ [Store Ref]（👆3.3）→ [Normalize] を On（👆3.4）すると，**画面7.19**が表示されます．
④X端子に被測定物を接続し，画面からリターン・ロスを読み取ります．
　画面7.20が50Ω終端のリターン・ロス，**画面7.21**がアマチュア無線用の2バンドホイップ・アンテナのリターン・ロスです．

●アンプの周波数特性の測定

　プリアンプなどの小電力増幅器の利得と帯域を測定します．
　機器のセットアップは**図7.6**と同じです．スペクトラム・アナライザの設定手順を**図7.10**に示します．
①スタート周波数とエンド周波数を設定する

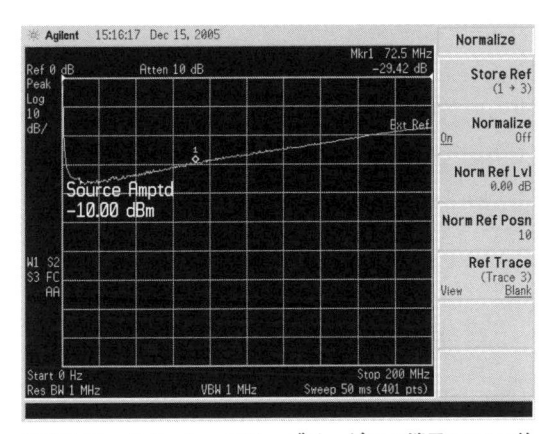

第7章 トラッキング・ジェネレータを使用した測定 ● トラッキング・ジェネレータとは

画面7.20 リターン・ロス・ブリッジのX端子に50Ω終端を接続したときのリターン・ロス

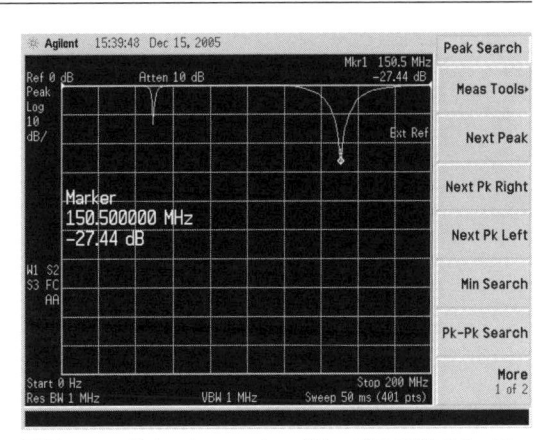

画面7.21 リターン・ロス・ブリッジのX端子に，アマチュア無線機用2バンド対応ホイップ・アンテナを接続したときのリターン・ロス

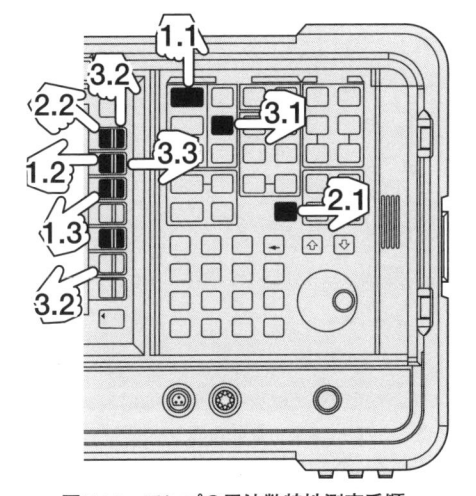

図7.10 アンプの周波数特性測定手順

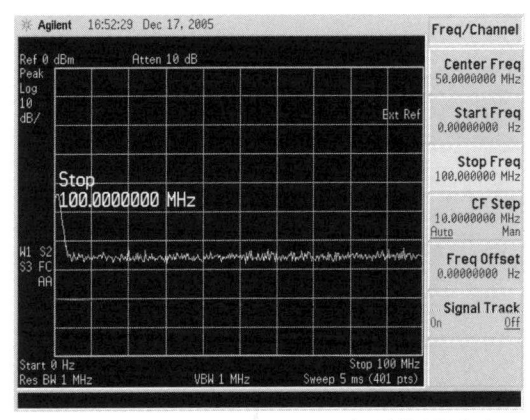

画面7.22 スタート周波数とストップ周波数を設定する

測定対象となるアンプの周波数に合わせて，測定範囲の周波数を設定します．
　［FREQUENCY Channel］（☝1.1）→ ［Start Freq］（☝1.2）からテン・キーで0 Hzを設定します．
　［FREQUENCY Channel］（☝1.1）→ ［Stop Freq］（☝1.3）からテン・キーで100 MHzを設定します．
画面7.22が表示されます．
②トラッキング・ジェネレータの出力を変更後，機能を有効にする
　トラッキング・ジェネレータの出力が大きすぎると測定するアンプに影響を与えるので，出力を変更します．
　［Source］（☝2.1）→ ［Amplitude］（☝2.2）でテン・キーから［5］，［0］→ソフト・キー［－dBm］と入力し，トラッキング・ジェネレータ出力レベルを－50 dBmに設定します（**画面7.23**）．
　［Source］（☝2.1）-［Amplitude］をOn（☝2.2）して，トラッキング・ジェネレータを有効にします

85

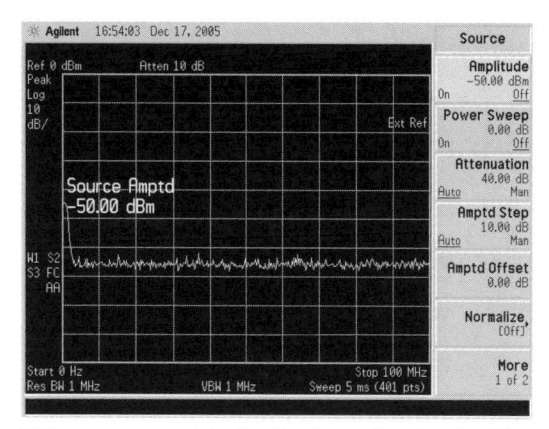

画面7.23　トラッキング・ジェネレータの出力を変更する（-50 dBm）

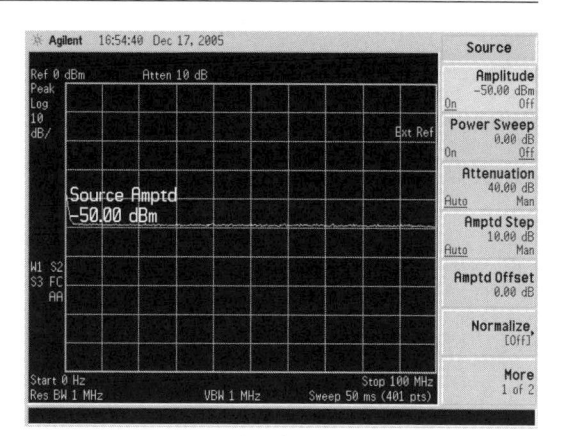

画面7.24　トラッキング・ジェネレータを有効にする

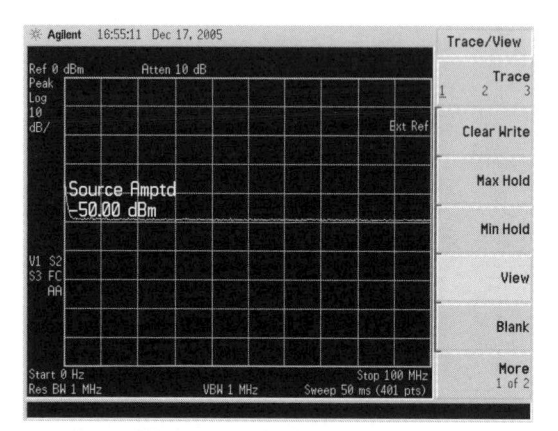

画面7.25　利得ゼロの状態を画面にホールドする

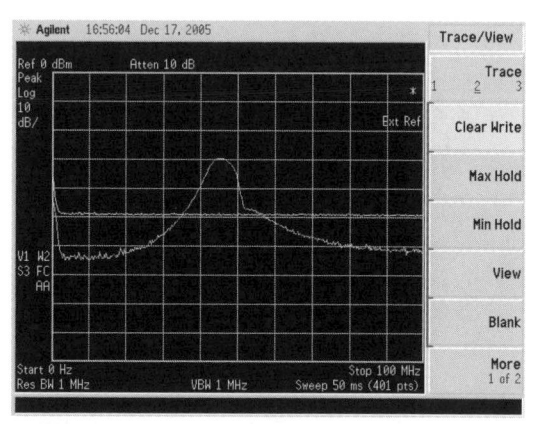

画面7.26　トレース2を有効にしショート・プラグを測定するアンプに変更する

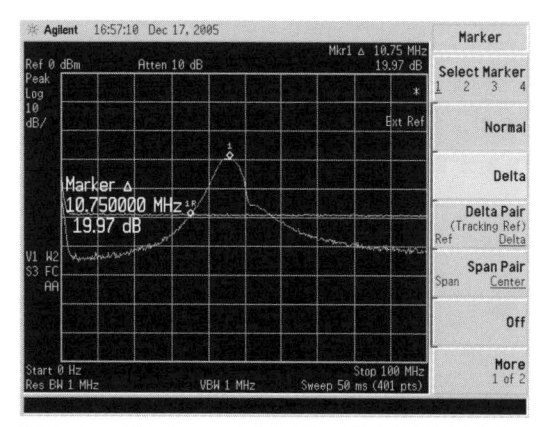

画面7.27　デルタ・マーカを使用して最大利得を測定する

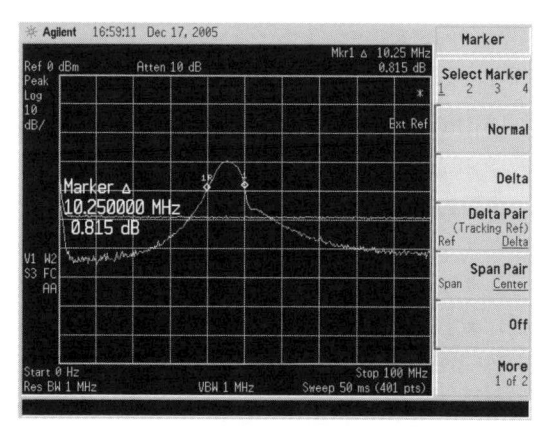

画面7.28　利得が10 dB以上の帯域幅を測定する

(**画面7.24**).
③トレースを設定する

　測定結果を読み取りやすくするために，ショート・プラグを接続した状態を画面にホールドします．
　[View/Trace]（☝3.1）-［View］（☝3.2）（**画面7.25**）．
　測定結果を表示するためにTrace2を有効にしたのち，ショート・プラグをはずし，測定するアンプを接続します．
　[View/Trace]（☝3.1）-［Trace］（☝3.2）で2にアンダ・バーが表示されます．
　[View/Trace]（☝3.1）-［Clear Write］（☝3.3）でアンプの特性が**画面7.26**のように表示されます．
④デルタ・マーカを使用して，**画面7.27**，**画面7.28**のように利得や帯域を測定することができる

トラッキング・ジェネレータを使用せずに周波数特性を測定する

　トラッキング・ジェネレータはたいへん便利な周辺機器ですが，対応するトラッキング・ジェネレータが存在しないスペクトラム・アナライザもあり，また普段は必要ないけれども，ときどき周波数特定が測定したい場合もあるかと思います．

　その場合，周波数可変の信号発生器を併用することで，簡略的に測定することが可能です．

　このときに使用する信号源はSSG（標準信号発生器）などの周波数やレベルが正確で，細かく調整できるものが便利ですが，周波数が可変でき，信号レベルが－10 dBmぐらいある発振器なら使用可能です．

　測定方法は信号源とスペクトラム・アナライザとの間に被測定物を接続し，信号源の周波数をゆっくりと動かしていきます．

　その際，スペクトラム・アナライザのMax Hold機能を使用して，信号をホールドすることで周波数特性が表示されます．例として中心周波数45 MHzのFM用フィルタの周波数特性を測定します．

　機器のセットアップは，**図7.11**のように接続します．
①センタ周波数とスパン周波数を設定する

　測定対象と周波数に合わせて測定範囲の周波数を設定します．スペクトラム・アナライザの設定手順を**図7.12**に示します．

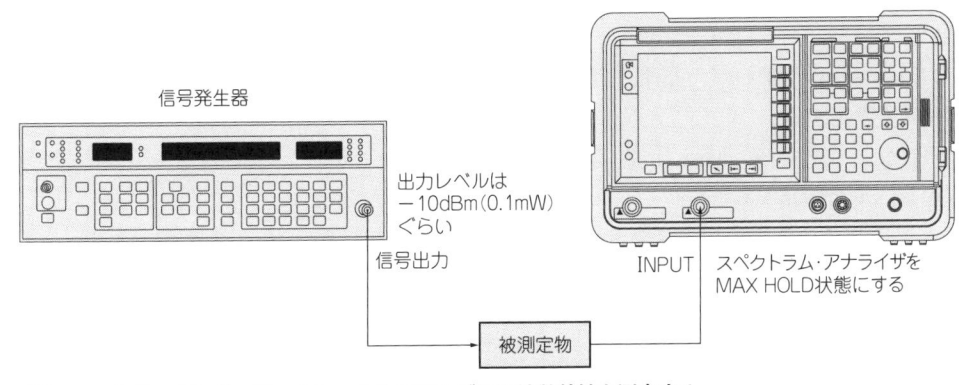

図7.11　トラッキング・ジェネレータを使用せずに周波数特性を測定する

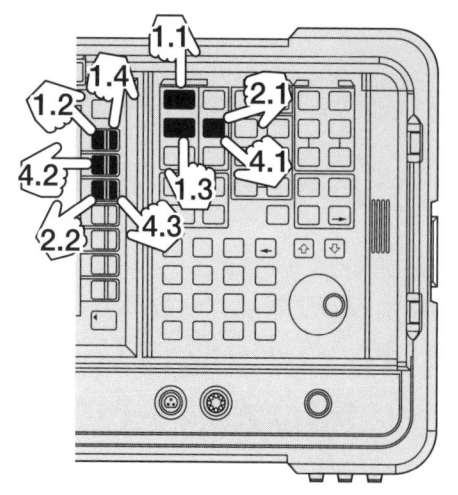

図7.12 測定対象に合わせて周波数を測定する

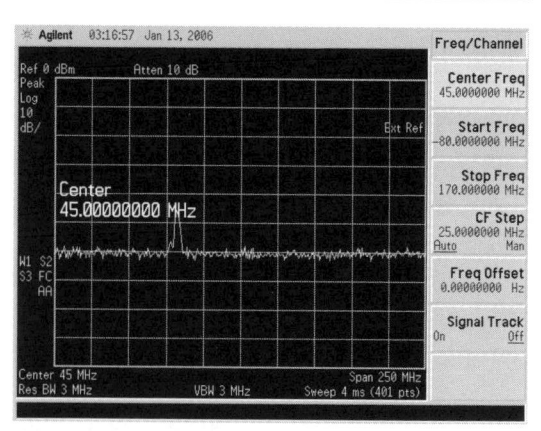

画面7.29 センタ周波数を設定する(45 MHz)

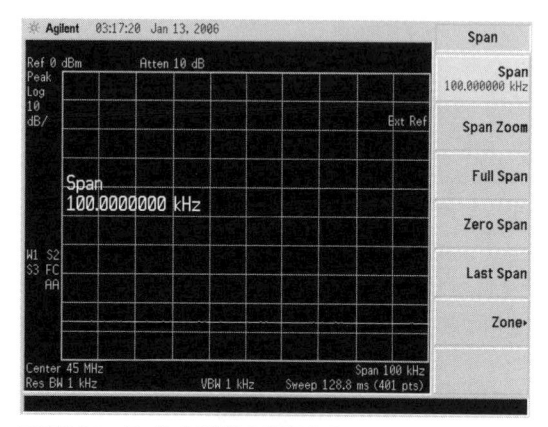

画面7.30 スパン周波数を設定する

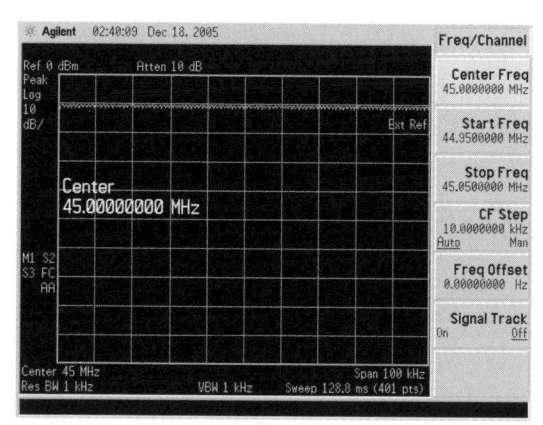

画面7.31 Max Holdの状態でショート・プラグを接続し信号源の周波数を上げていく

　[FREQUENCY Channel]（☞1.1）→ [Center Freq]（☞1.2）からテン・キーで45 MHzと設定します（**画面7.29**）．
　[SPAN X scale]（☞1.3）→ [Span]（☞1.4）からテン・キーで100 kHzを設定します（**画面7.30**）．
②Max Holdを設定する
　[View/Trace]（☞2.1）→ [Max Hold]（☞2.2）で設定します．
③信号源のレベルを確認する
　ショート・プラグを被測定物の代わりに接続します．そして，信号源の周波数を設定したスタート周波数から，ゆっくりとストップ周波数まで上げていきます．
　このレベルが基準となります（**画面7.31**）．
④被測定物の周波数特性を測定する
　ショート・プラグをはずし被測定物を接続します．②で表示された波形を一度クリアしてから，再

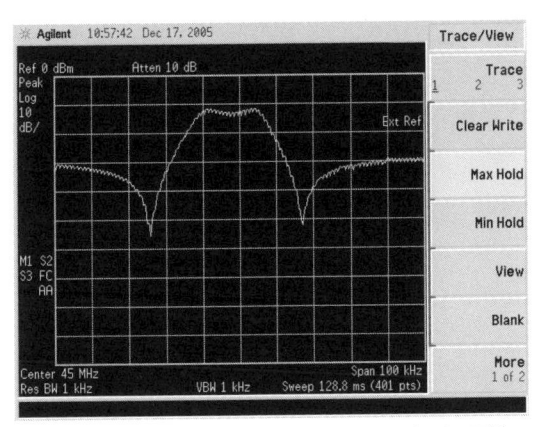

画面7.32 ショート・プラグをフィルタに変更し同様の操作を行う

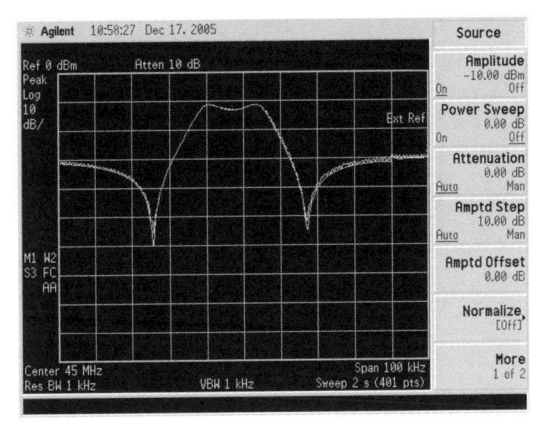

画面7.33 トラッキング・ジェネレータを使用した測定と遜色のない結果が得られている

度 Max Hold の設定を行います.

［View/Trace］(☝4.1)→［Clear Write］(☝4.2)→［Max Hold］(☝4.3)の操作で**画面7.32**が表示されます.

信号発生器は出力を－10 dBm ぐらい，周波数のステップはスパンとRBWを考慮して決定します.

本章では信号源にSSGを使用し，1kHzステップで周波数を変更したために波形が波打っていますが，**画面7.33**でわかるように，トラッキング・ジェネレータを使用した場合と比較して遜色のない結果が得られています.

第8章
スペクトラム・アナライザの性能と誤差要因

スペクトラム・アナライザの性能

●スペクトラム・アナライザの感度

　低レベル信号を測定する際に問題になるのが，スペクトラム・アナライザ自体が生成するノイズです．このノイズはスペクトラム・アナライザ内部のさまざまな回路から発生し，最終的に画面にノイズ信号として表示されます．

　スペクトラム・アナライザでは，このノイズを表示平均ノイズ・レベル(DANL)と呼び，基本的にはこのレベル以下の信号は測定できません．DANLはスペクトラム・アナライザ入力を50Ω負荷で終端し，そのとき画面に表示されるノイズ・レベルを観測するだけで測定できます．

　スペクトラム・アナライザで生成されるノイズは，分解能帯域フィルタを通過後表示されるために，表示ノイズはフィルタの通過帯域幅によって制限され，表示レベルは次式に基づいて変化します．

$$10 \log \frac{BW_2}{BW_1}$$

　　BW_1 = 開始分解能帯域幅
　　BW_2 = 終了分解能帯域幅

このため，分解能帯域幅を10倍変更すると，表示ノイズ・レベルは10 dB変化します．すなわち，連続波の測定の際には，最小分解能帯域幅を選択すると最高のS/Nを得ることができます．

　また，表示ノイズ・レベルに近い信号は，ノイズと信号の見分けがつきにくくなります．その場合はビデオ・フィルタ(VBW)を適切に設定することにより，ランダムなノイズがスムージングされるために目的の信号が識別可能になります．

　感度を改善するためには，プリアンプを使用する方法があります．使用するプリアンプは，ノイズ・フィギュア(NF)がスペクトラム・アナライザのNFよりも十分に良く，十分な利得をもっている必要があります．また，プリアンプを使用するとダイナミック・レンジは下がってしまうため，特性を理解して使用する必要があります．

●ダイナミック・レンジ

　ダイナミック・レンジとは，信号の再現能力を表す数値で，最小値と最大値の比率をdB単位で表し

たものです．

　具体的には，入力信号のレベルを上げていき，入力信号が波形としてディスプレイに表示されたレベル（最小値）と，スペクトラム・アナライザ内部で発生したひずみが波形となり，ディスプレイに現れたときのレベル（最大値）のレベル差を表します．

●入力インピーダンス

　ほとんどのスペクトラム・アナライザの入力インピーダンスは50Ωになっています．これは，一般的な高周波信号伝送路のインピーダンスが50Ωだからです．しかし，ビデオ信号やCATVなどの映像関係のインピーダンスは75Ωが使われているため，入力インピーダンスが75Ωのスペクトラム・アナライザもあります．正しく測定するためには，被測定物のインピーダンスと，スペクトラム・アナライザの入力インピーダンスを合わせる必要があります．

誤差要因

　スペクトラム・アナライザは原理的にいくつかの誤差要因を含んでいます．実際の測定時には，それらを理解して測定を行うことが必要です．

●周波数測定確度

　スペクトラム・アナライザで周波数を測定する場合は，絶対周波数測定と相対周波数測定に分けることができます．

　絶対周波数測定は特定の入力信号の周波数を測定し，相対周波数測定は信号間の周波数差や，変調周波数を求めたりする場合に使用します．絶対周波数測定の確度は，スペクトラム・アナライザの基準発振器の精度に左右されます．

　現在のスペクトラム・アナライザは，精度を保ち，基準周波数のドリフトを少なくするために，オーブン制御型水晶発振器を基準とするシンセサイザ方式を採用しています．この周波数基準の精度は，多くの場合，年間エージング・レートとしてスペクトラム・アナライザのスペックに記載されています．

　注意点としては，スペック・シートの値を得るために長時間通電し，基準発振器をヒートランする必要があります．一部のスペクトラム・アナライザでは，AC電源に接続している間はオーブン制御型水晶発振器が常に通電状態になっていて，電源供給後短時間で基準のドリフト・レートになるように設計されています．このような機器では電源をOFFにすると，スタンバイ・モードに移行するように作られています．

　ほとんどのスペクトラム・アナライザは，周波数の外部基準を使用することができます．研究所や工場などで，国家標準にトレース可能な周波数標準が使用できる場合には，その信号を外部基準として使用することで，外部基準と同じ精度の周波数確度となります．

　また，画面内の2点間の相対周波数を測定する場合には，スパン確度も影響してきます．

　マーカで周波数を測定する場合には，マーカは周波数を測定して表示しているわけではなく，画面上のポイント位置から周波数を求めています．そのため，正確な周波数を求める場合には，スパンと

分解能帯域幅を狭めて信号のピークにマーカを容易に配置できるようにする必要があります．

●振幅測定確度

スペクトラム・アナライザで測定した振幅には，以下のような誤差を生じる要因が存在します．最悪の場合は下記要因のすべての誤差が加算された場合ですが，実際は誤差要因が打ち消し合う場合もあるために，最悪の誤差よりも少なくなる場合がほとんどです．

▶入力コネクタ(不整合)

スペクトラム・アナライザと信号源とのインピーダンス不整合のことです．

スペクトラム・アナライザの入力インピーダンスも完全ではありませんし，信号源の出力インピーダンスが，スペクトラム・アナライザの入力インピーダンスと完全に一致することはありません．そのため，反射波が発生し，信号源の出力信号と打ち消し合ったり強め合ったりするために，振幅測定誤差が発生します．

最大不整合誤差(dB)を計算するための式は次のとおりです．

誤差(dB) = 20 log [1 ± |(ρ analyzer) × (ρ source)|]

ρ analyzer = スペクトラム・アナライザの反射係数

ρ source = 信号源反射係数

ρ はスペクトラム・アナライザの入力電圧定在波比(VSWR)から求めることができます．

$$\rho = \frac{VSWR - 1}{VSWR + 1}$$

スペクトラム・アナライザの入力アッテネータを0dBに設定したときは，スペクトラム・アナライザの初段と信号源が直接接続されるために，不整合誤差がもっとも大きくなります．

そのため，入力アッテネータを0dBとする設定はできるだけ避けるようにします．また，入力信号がノイズよりも十分大きい場合には，信号源とスペクトラム・アナライザとの間に，整合パッド(アッテネータ)を取り付けることで，不整合誤差を大幅に減らすことができます．

▶RFアッテネータ確度

RFアッテネータを測定中に切り替えて相対的な値を測定する際に，周波数によってはステップ確度が変化することになります．スペクトラム・アナライザは，広い周波数帯域を測定するために，RFアッテネータも全周波数帯域で同じ性能を有するのが理想ですが，やはり多少の確度誤差が発生します．

▶ミキサおよび入力フィルタ(周波数フラットネス)

RFアッテネータを通過した信号は，入力フィルタからミキサを経由します．

入力フィルタは，低い周波数ではローパス・フィルタ，高い周波数では同調式バンド・パス・フィルタ(プリ・セレクタ)を使用します．

ローパス・フィルタは周波数応答誤差は少しですが，プリ・セレクタは周波数応答誤差がより大きくなります．ミキサも同じく周波数応答誤差を発生させます．

▶IFゲイン確度

ミキサでIF信号に変換された信号は，IFアンプとIFアッテネータを経由します．

IFアンプとIFアッテネータはRFアッテネータとミキサの損失を補正し，レファレンス(基準)・レ

ベルを設定します.

　IF周波数は固定のため周波数応答誤差は発生しませんが，レファレンス・レベルを設定する際に振幅誤差が生じます．この誤差を基準レベル確度と呼びます．

▶分解能帯域幅ごとのゲイン変化(IFフィルタ)

　分解能帯域幅を変更すると広帯域ではLCフィルタ，狭帯域では水晶フィルタが選択されますが，種類の異なるフィルタは，挿入損失が異なるために切り替わる際に誤差が生じます．

▶表示スケール確度

　表示の際，一般的に縦軸には対数振幅スケールを使用します．1目盛りあたり10 dB(10 dB/Div)というのがこれに当たります．

　IF信号を対数表示するために，ログ・アンプを使用して対数に変換しますが，変換時に誤差が発生します．また，リニア・スケール・モードの場合には，線形増幅器が完全にリニアではないために，やはり誤差を生じます．

▶相対的測定誤差

　入力信号に対して相対値の測定を行う際に一つのレベルを基準とし，もう一つのレベルとの相対値を測定します．その際，基準とする信号と比較する信号ともに誤差を含んでいるために，最悪の場合は絶対値の2倍の誤差を生じる場合があります．

　特に比較する信号のレベル差や周波数差が大きい場合には，このことを考慮する必要があります．

第9章
アクセサリ

スペクトラム・アナライザを使用する場合，測定の種類によって多くのアクセサリが必要です．本章では測定の際に使用するアクセサリを紹介します．測定対象が高周波信号の場合がほとんどですから，高周波特性の優れたものが必要になり，決して安価なものばかりではないようです．

場合によっては自分で作ることができるので，アクセサリの作り方も合わせて紹介します．

●アッテネータ

アッテネータは減衰器とも呼ばれるように，電気信号の電圧を減衰させるものです．

アッテネータには減衰量が固定のものと可変のものがあり，固定のものはパッド（PAD）とも呼ばれ，**写真9.1**のように，大電力が扱える放熱器付きの大型から，小信号用の小型のものまで各種市販されています．**写真9.2**に示す可変のタイプは，ステップ・アッテネータと呼ばれます．信号レベルの調整や被測定物の安定度の改善，被測定物と計測器のマッチングの改善などの目的で使用されます．

●プリアンプ

写真9.3は，被測定物とスペクトラム・アナライザの間に挿入し，感度不足を補うために使用するプリアンプです．

使用するに当たっては，プリアンプ挿入によるダイナミック・レンジの悪化やプリアンプ自体のひずみの発生などを考慮する必要があります．

写真9.1　アッテネータ

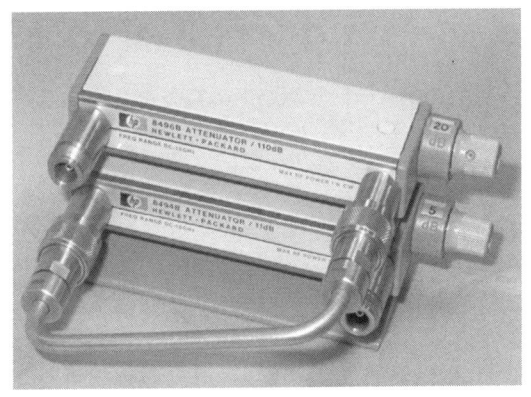

写真9.2　ステップ・アッテネータ

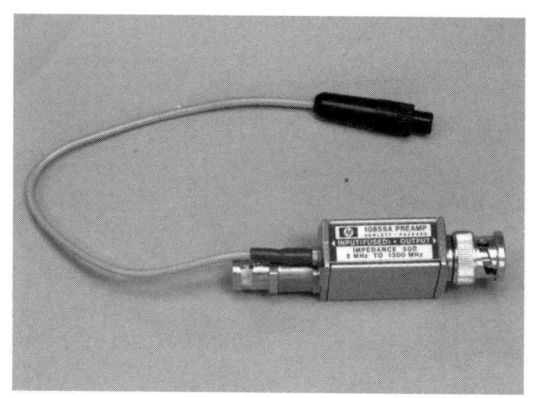

写真9.3　プリアンプ

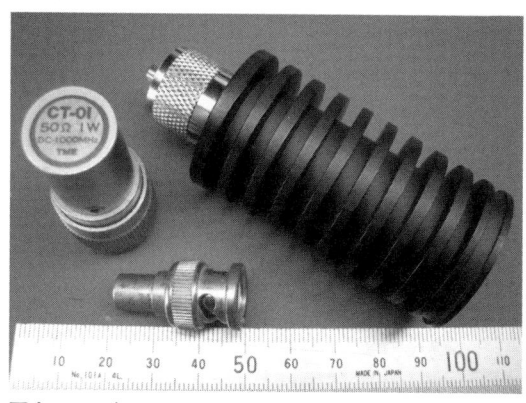

写真9.4　ダミー・ロード

●同軸終端器(ダミー・ロード)

　信号の不要反射を防ぐために抵抗器により電気信号のエネルギを消費させるもので，終端抵抗やターミネータとも呼ばれます．

　インピーダンスと同じ値の抵抗器をコネクタと一体にしたタイプが多く用いられ，きわめて良好なSWR特性を示します．

　同様の目的で送信機の調整などでアンテナの代わりに接続し送信電力を熱に変換するものをダミー・ロードと呼びます．ダミー・ロードは耐電力に注意して使用する必要があります(**写真9.4**)．

●FETプローブ

　スペクトラム・アナライザの入力インピーダンスは，通常50Ωもしくは75Ωと低いものです．そのため，被測定回路に直接接続すると，回路の動作を乱してしまう場合があります．そのようなときには，**写真9.5**のようなFETプローブを使用します．

　名前のとおり，入力段にFETを使用しているためにインピーダンスが非常に高く，被測定回路の動作に影響を与えずに測定することができます．テクトロニクス社のFETプローブが有名で，同社製品の対応の電源コネクタを備えている機種が多くあります．

●パワー・コンバイナ(power combiner)

　複数の系統の伝送線路上の電力を合成する回路で，電力を分割するディバイダと同一回路で実現できます．

　2信号特性測定時などに異なる二つの信号源の信号を合成するために使用します．

●カプラ(coupler)

　伝送線路相互を希望の結合度で結合する回路で，送信機からの高出力送信波の測定の際に使用します．測定する電力に応じた結合度のカプラを使用します．

　カプラ使用の際，出力ポートには入力電力と同じレベルの信号が出てくるので，ポートを間違えてスペクトラム・アナライザに接続しないように十分に注意する必要があります．

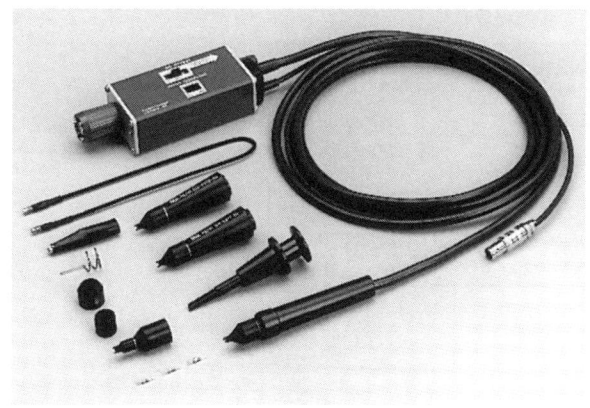

写真9.5　FETプローブ　　　　　　　　写真9.6　変換コネクタ

●リターン・ロス・ブリッジ

リターン・ロスを測定する際に使用します．

●ツートーン・ジェネレータ

2信号発生器とも呼ばれ，周波数の異なる2波の信号を発生する装置で，低周波用のAFツートーン・ジェネレータと高周波のRFツートーン・ジェネレータがあります．

AF用はSSB送信機に接続し，送信機のIMDを測定します．RF用は受信機のIP（インターセプト・ポイント）やミキサなどのIMDの測定に使用します．

●各種変換コネクタ

写真9.6のような，N型コネクタとBNC型コネクタ，M型コネクタとSMA型コネクタなどのいろいろな種類の変換コネクタを用意しておくと，スムーズに測定を進めることができます．

●計測用ケーブル

被測定物とスペクトラム・アナライザとの接続などに使用します．

計測用として，両端にSMA型やBNC型などのコネクタのついた短いケーブルも各種売られています．インピーダンスが適合した良質なケーブルを使用します．

自作できるアクセサリ

アクセサリの中には構造が簡単で自作が容易なものもあります．ここではそのいくつかの作成方法を紹介します．

メーカ製のような広帯域，高精度なものは難しいのですが，特性を理解して使用すれば十分役に立つものが作成できます．ここで紹介するどの回路も，チップ・パーツなどでできるだけ小さく，最短距離で配線するようにすることで，周波数特性が向上します．

表9.1 ステップ・アッテネータに使用する抵抗の組み合わせ

減衰量 [dB]	R_h [Ω]	R_v [Ω]	R_h 並列合成 [Ω]	R_v 並列合成 [Ω]
1	5.77	869.5	6.8//39	1k//6.8k
2	11.61	436.2	33//18	680//1.2k
3	17.61	292.4	18//820	390//1.2k
4	23.85	221	24	220
5	30.4	178.5	33//390	330//390
10	71.15	96.25	82//560	150//270
20	247.5	61.11	680//390	68//560

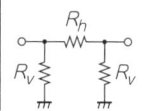

注：// は並列

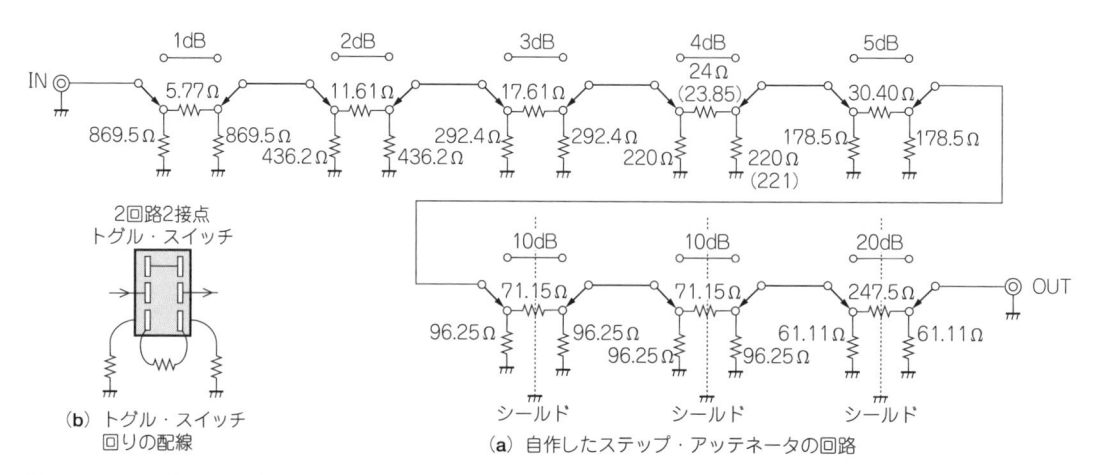

(a) 自作したステップ・アッテネータの回路

(b) トグル・スイッチ回りの配線

図9.1 ステップ・アッテネータ

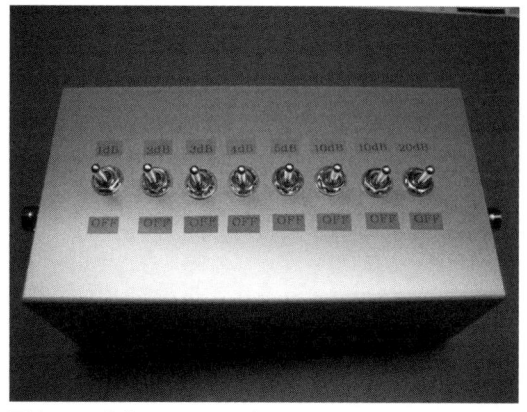

写真9.7 自作したステップ・アッテネータの外観

写真9.8 自作したステップ・アッテネータの内部

●ステップ・アッテネータ

図9.1(a)に示すように，異なる減衰量のπ（パイ）型アッテネータを組み合わせ，スイッチで切り替えることにより減衰量を変化させます．

第9章 アクセサリ ● 自作できるアクセサリ

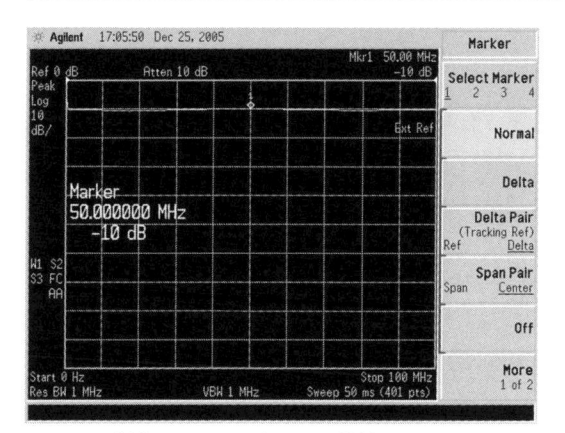

画面9.1 製作したアッテネータの特性図(10 dB)
0 Hz～100 MHzでほぼフラットな特性を得ている

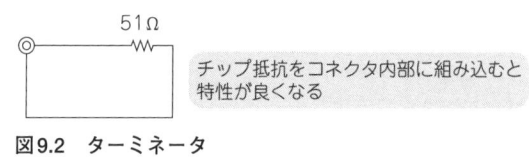

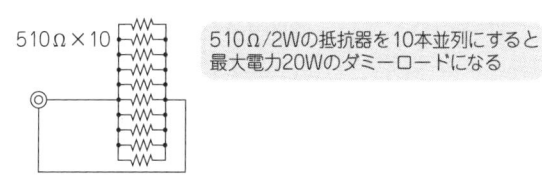

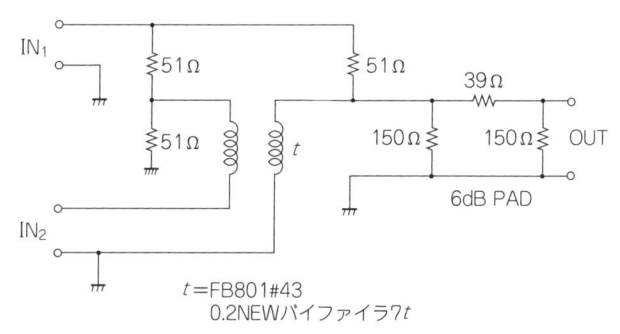

図9.2 ターミネータ
チップ抵抗をコネクタ内部に組み込むと特性が良くなる

図9.3 ダミー・ロード
510Ω/2Wの抵抗器を10本並列にすると最大電力20Wのダミー・ロードになる

図9.4 ハイブリッド・コンバイナ
t=FB801#43
0.2NEWバイファイラ7t

　きりの良い減衰量とするためには半端な値の抵抗器が必要になるため，**表9.1**のように一般的な抵抗器を組み合わせて必要な値を得ています．抵抗器は誤差1%のものを使用します．正確な減衰量を得るためには，半端な抵抗値の抵抗器が必要になるため，複数の抵抗器を組み合わせて使用します．

　組み立ては**図9.1**(b)のように2回路2接点のトグル・スイッチに抵抗器を直接ハンダ付けします．特性を良くするためにベタアースとし，抵抗器との接続は最短距離で行います．

　減衰量を大きく取ると，直接飛び込みで絞りきれなくなる場合があるため，10 dBと20 dBにはシールド板を立てています．

　作成したアッテネータを**写真9.7**と**写真9.8**に，特性を**画面9.1**に示します．

●同軸終端器(ターミネータ)

　回路としては，**図9.2**のように単なる抵抗器です．

　反射波を少なくするために，誤差が少ない抵抗器を使用します．周波数特性を良くするためにはできるだけ配線を短く，抵抗器もチップ抵抗などの小さなタイプを使用しますが，ダミー・ロードとして使用する場合には耐電力の検討も必要になります．

　抵抗を**図9.3**のように並列接続することで，耐電力を上げる方法や，放熱器に固定できる専用の抵抗器も販売されています．

●ハイブリッド・コンバイナ

2信号を合成するときに二つの出力を単純に接続すると，お互いの信号が影響し合い，きれいな合成波ができません．

このようなときに，互いのアイソレーションを確保しながら信号を合成するのが，図9.4に示すハイブリッド・コンバイナです．写真9.9と写真9.10に自作したハイブリッド・コンバイナを示します．

簡単な回路ですが，画面9.2のように，出力がオープンの状態で入力ポート1と入力ポート2のアイソレーションは約20 dB，50 Ωで終端すると約40 dB取れています．

このハイブリッドは入力と出力では画面9.3でわかるように12 dBの減衰が発生します（「定本 トロイダル・コア活用百科」，山村英穂 著，2003年，CQ出版社）．

●カプラ（coupler）

送信機など，高レベルの信号を測定する際に使用します．

製作時に注意すべきことは，出力ポートにはほぼ入力信号と同じレベルの信号が出力されるため，間違えて出力ポートとスペクトラム・アナライザを接続しないようにコネクタの種類や配置を検討し

写真9.9 自作したハイブリッド・コンバイナの外形

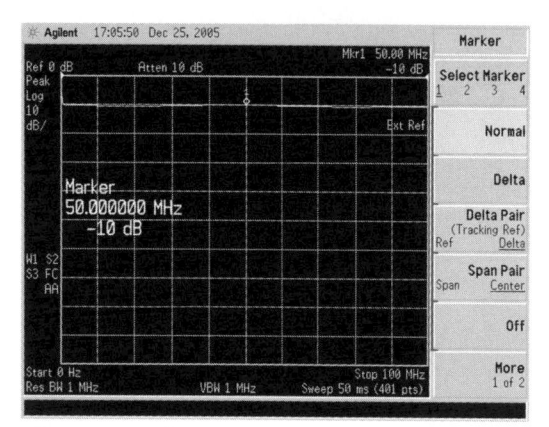

写真9.10 自作したハイブリッド・コンバイナの内部

画面9.2 ハイブリッド・コンバイナの特性
INポートとINポートのアイソレーション．上：アウトオープン 下：アウト50Ω終端

画面9.3 インポートとアウトポートの特性

てください．

▶ CM型20 dBカプラ

図9.5に示すように，トロイダル・コアの中心を通した信号線からコアに巻かれたトランスで信号をピックアップします．写真9.11と写真9.12が自作したCM型20 dBカプラです．

入力ポートに信号を，出力ポートにダミー・ロードを接続します．

画面9.4のように，入力ポートに入ってくる信号から20 dB低いレベルの信号が結合出力から得られます(「定本 トロイダル・コア活用百科」，山村英穂 著，2003年，CQ出版社)．

▶ 抵抗分割型50 dBカプラ

抵抗分圧型50 dBカプラを図9.6に示します．電力を抵抗で分圧します．写真9.13と写真9.14が製作した抵抗分割型50 dBカプラです．

結合量は分圧抵抗Rの値で決定されますが，60 dB以上では耐電力や通り抜けなどの問題が発生して，難しくなるためお勧めできません．CM型と同じく，入力ポートに信号を，出力ポートにダミー・ロードを接続します．

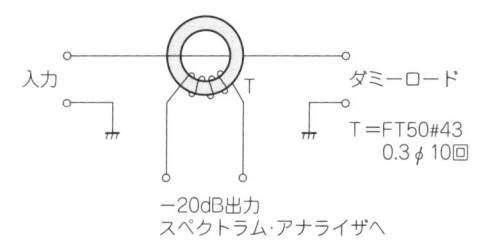

図9.5　CM型20 dBカプラ

写真9.11　自作したCM型20dBカプラの外形

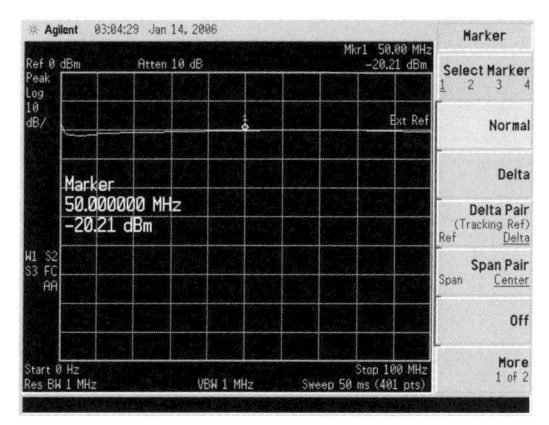

画面9.4　CM型20 dBカプラ特性図

写真9.12　CM型カプラ

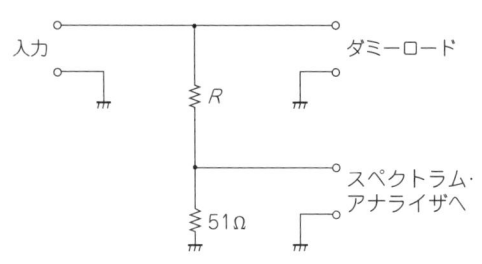

減衰量 [dB]	$R[\Omega]$
20	250
30	820
40	2.5k
50	8.2k

図9.6　抵抗分圧型50 dBカプラ

写真9.13　抵抗分割型カプラ

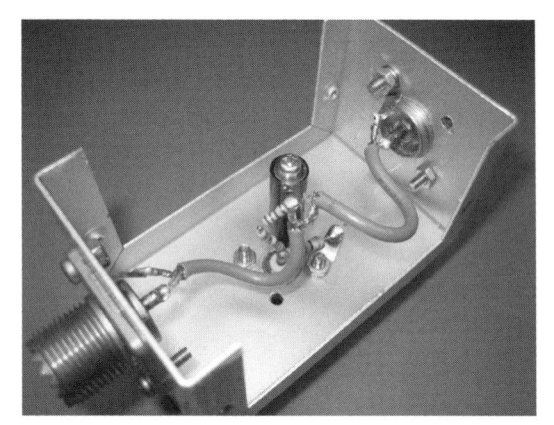

写真9.14　抵抗分割型カプラの内部

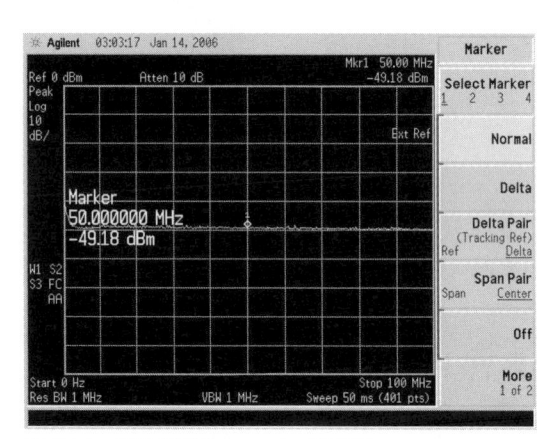

画面9.5　抵抗分圧型50 dBカプラ特性

　画面9.5のように入力ポートに入ってくる信号より50 dB低い信号が，結合出力から得られます．

●リターン・ロス・ブリッジ

　図9.7のようにホイートストン・ブリッジに平衡－不平衡のバランを付けたものです．**写真9.15**と**写真9.16**のように比較的簡単に作れます．
　ブリッジの抵抗値が測定精度を決定するため，誤差1％や0.5％の抵抗器を使用するか，抵抗値を測

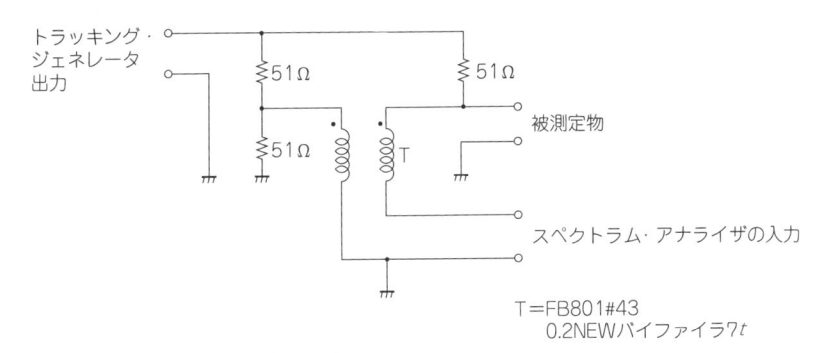

図9.7　リターン・ロス・ブリッジ

トラッキング・ジェネレータ出力

51Ω、51Ω、51Ω

T=FB801#43
0.2NEWバイファイラ7t

被測定物

スペクトラム・アナライザの入力

写真9.15　リターン・ロス・ブリッジの外形

写真9.16　リターン・ロス・ブリッジの内部

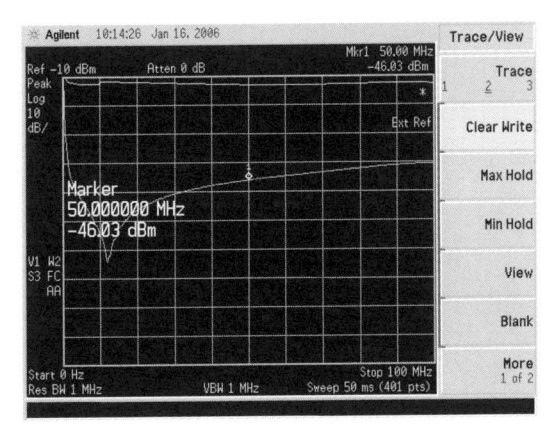

画面9.6　特性図
上：X端子オープン，下：X端子50Ω終端

定して値が揃った抵抗器を使用します．

　バランはフェライト・ビーズのFB-801#43にバイファラ巻き7tです．製作したリターン・ロス・ブリッジは，入力に10 dBのPADを挿入しているため，X端子がオープンもしくはショートで12 dB，50 Ω終端で40 dBの減衰が発生します(**画面9.6**) (「定本 トロイダル・コア活用百科」，山村英穂 著，2003年，CQ出版社)．

Appendix

　スペクトラム・アナライザは，高価で高級な測定器だという時代が長かったためか，高周波を扱う人達にとって憧れの測定器でした．しかし，高周波信号のスプリアス測定やアンプ，フィルタの周波数特性を直読するためには，この測定器が不可欠です．

　現在でも決して安価な測定器はないのですが，新品でも100万円程度で入手できる機種も販売されるようになり，多くの分野で使われています．普及に伴ってリースバックや中古品も増え，高級アマチュアが個人で所有することも増え，身近で見かけたり，実際に使う機会も増えています．

　しかし，高級な測定器であることには変わりはなく，機器の性能を維持していくためのノウハウや，測定時に知っていなければならないことが数多くあります．スペクトラム・アナライザは使う人間に対して，ある程度のインテリジェンスを要求している測定器なのです．

　本書のしめくくりとしてAppendixでは，スペクトラム・アナライザを使ううえで，知っておいたほうがよいと思われる項目を解説しています．基礎知識としてお読みください．

ミキサ(mixer)

　ミキサは入力信号(f_{in})と局発信号(f_{LO})を入力すると中間周波信号(f_{IF})が出力される回路で，スーパ・ヘテロダイン方式のスペクトラム・アナライザでは重要な役割を果たしています(図A.1)．

　ミキサの周波数の関係は，

$$f_{IF} = f_{LO} \pm f_{in}$$

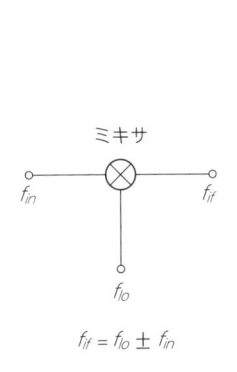

(a) ミキサの記号

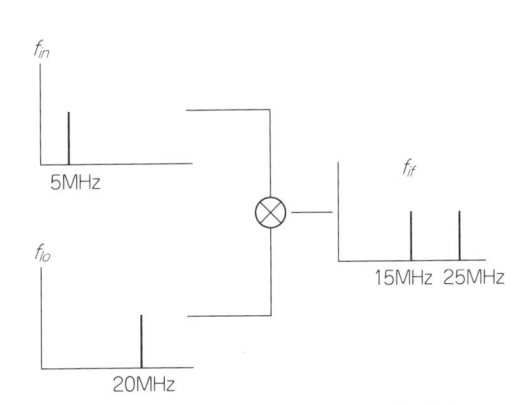

(b) ミキサに2信号を加えると和と差のスペクトラムが発生する

図A.1　ミキサの動作

となります.

f_{in} が 0 Hz(DC)の場合はミキサは f_{LO} の周波数成分しか出力せず,結果は f_{LO} の信号レベルになってしまいます.そのためスーパ・ヘテロダイン方式のスペクトラム・アナライザでは,原理的に 0 Hz(DC)を観測することができません.

フィルタ

フィルタとは必要な信号だけを取り出すために使用され,大きく分けて四つの種類があります(**図A.2**).
- ローパス・フィルタ(LPF)
- バンドパス・フィルタ(BPF)
- ハイパス・フィルタ(HPF)
- バンドエリミネーション・フィルタ(BEF)

ローパス・フィルタは遮断周波数より低い信号のみ通過させます.ハイパス・フィルタは遮断周波数より高い信号のみ通過させます.バンド・パス・フィルタは中心周波数の上下の帯域幅の信号のみ通過させます.バンドエリミネーションフィルタは中心周波数の上下の帯域幅の信号のみを取り除きます.

非常に急峻なBEFはノッチ・フィルタとも呼ばれます.ノッチ・フィルタはスポット的な妨害波を削除したりする際に使用されています.

高周波帯のLPF,HPF,広帯域なBPFのほとんどはコイルとコンデンサの組み合わせで,IFフィルタなどの狭帯域フィルタは,水晶やセラミックなどの共振子の組み合わせで構成されています.

最近ではDSPを使用したディジタル・フィルタも多用されています.

ディジタル・フィルタの利点は広帯域から狭帯域までプログラムで作成することができ,アナログ・フィルタでは難しい超狭帯域も実現可能です.

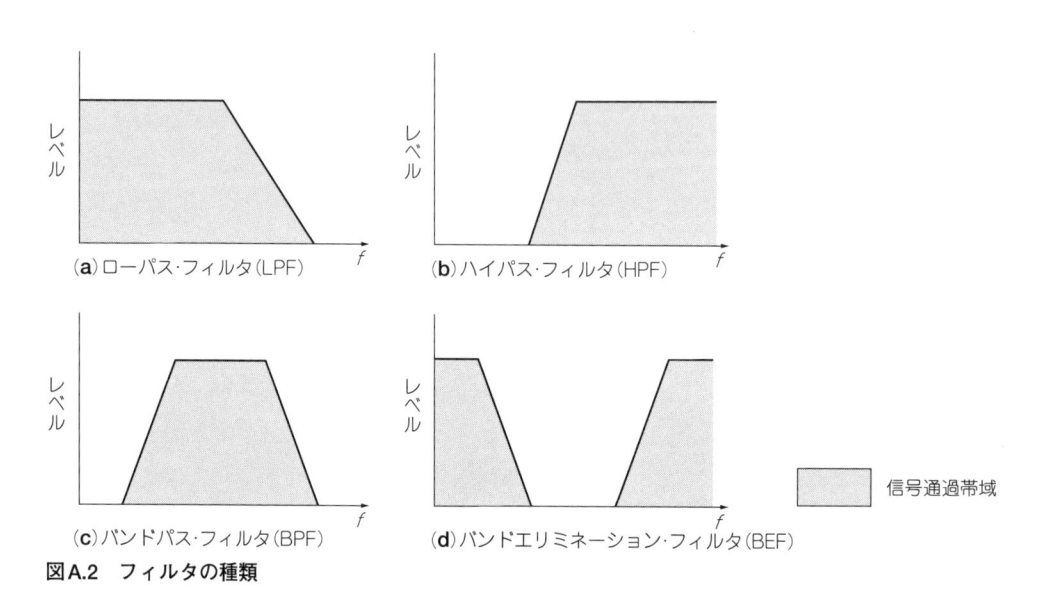

図A.2 フィルタの種類
(a)ローパス・フィルタ(LPF)
(b)ハイパス・フィルタ(HPF)
(c)バンドパス・フィルタ(BPF)
(d)バンドエリミネーション・フィルタ(BEF)

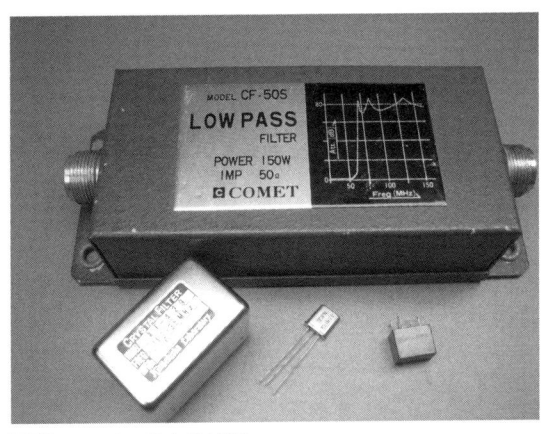

写真A.1 フィルタの外観

デジタル・フィルタはシェイプ・ファクタが1のフィルタも可能になり，製品にばらつきがなく，調整不要と利点が多いので今後はさらに利用されていくと思われます．欠点はA-DコンバータやDSPの限界から，低い周波数のフィルタしか作れないことです．

スペクトラム・アナライザや受信機のIFフィルタにはBPFが，短波帯用アマチュア無線機の送信部フィルタにはLPFが使用されています．VHF地上波アナログTVは3chと4chの間が離れていて他業務に使用されているため，LPFとHPFの組み合わせかBEFが使用されています．

中心周波数可変BPFをプリセレクタと呼び，スペクトラム・アナライザの入力フィルタにも使用されています．

写真A.1にフィルタの外観を示します．

IFフィルタ

スペクトラム・アナライザや受信機のIF段に挿入するBPFのことを指します．

スペクトラム・アナライザの分解能帯域幅，受信機の選択度のほとんどはIFフィルタで決定されます．一般のスペクトラム・アナライザは複数回の周波数変換を行うため，複数のIF周波数をもち，おのおののIFにフィルタを挿入します．最後のIF段（通常は一番低いIF周波数）に帯域可変フィルタを使用することで，分解能帯域幅を可変するようになっています．

以前は広い帯域でLCフィルタ，狭帯域で水晶フィルタが使用されてきましたが，最近ではディジタル・フィルタが使用されることも多くなりました．

IFフィルタの特性を示すものとして図A.3に示す，3 dB帯域幅，60 dB帯域幅，シェイプ・ファクタがあります．

帯域内のもっとも損失が少ない値を0 dBとします．挿入損失が-3 dBの2点の周波数間隔が3 dB帯域幅（BW），同様に-60 dB下がった2点の周波数間隔を60 dB帯域幅（BW_2）と呼びます．

3 dB帯域幅と60 dB帯域幅の比をシェイプ・ファクタと呼び，フィルタの急峻さを表します．

できるだけシェイプ・ファクタが1：1に近い，長方形の形をしたスカート特性が望まれますが，シ

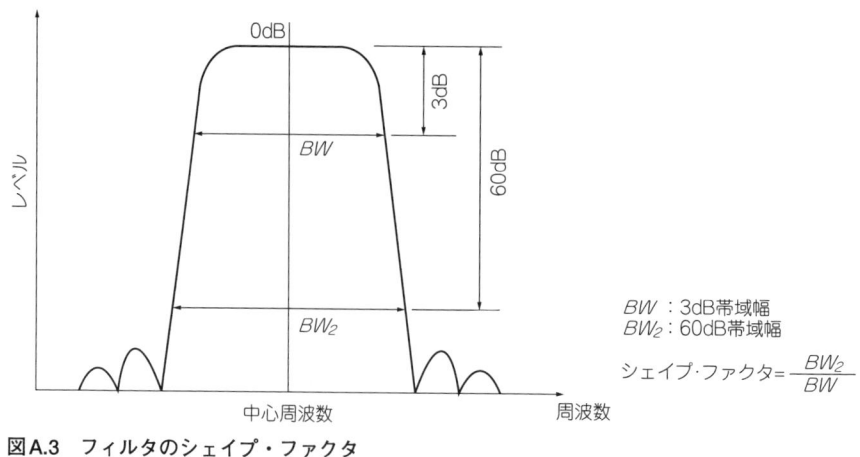

図A.3　フィルタのシェイプ・ファクタ

BW：3dB帯域幅
BW_2：60dB帯域幅

$$シェイプ・ファクタ = \frac{BW_2}{BW}$$

ェイプ・ファクタが1：1に近いほど掃引時間が長くなるために，応答時間と周波数分解能とのトレードオフになります．

dB（デシベル）とは

　電子回路ではdB（デシベル，デービーとも読む）という単位を多用します．デシベルとは，比の値を対数表示したものです．スペクトラム・アナライザのレベルの標準単位もデシベルが使用されています．ちなみにオシロ・スコープの縦軸は電圧（V）です．
　dBの定義は以下の式になります．

　　電圧・電流比（dB）＝ $20 \times \log_{10}$ 倍率
　　電力比（dB）＝ $10 \times \log_{10}$ 倍率

　なぜデシベルは多用されるのでしょうか？
　例えば信号の基本波と高調波では，電力で100万倍（60dB）の差があることも少なくありません．その場合対数表示（dB表示）でなければ1画面内に両方の波形を表示することは困難になります．
　縦軸をデシベルと電圧で表示した例を**画面A.1**と**画面A.2**に示します．対数表示のdBで表示された画面は8倍高調波でも観測できますが，電圧で表示された画面では3倍高調波だけがやっと見えるぐらいになっています．
　また対数を使用することで，1/1000000が－60 dBと表示でき，有効桁数が少なくなるためにわかりやすくなります．もう一つのメリットは，**図A.4**に示すようにかけ算が足し算で，割り算が引き算で計算できるため，計算が楽になることです．

●dBmとdBμ

　スペクトラム・アナライザの注意書きに「入力レベルは最大＋30 dBm」などと記載されています．比較するための単位であるデシベルなのになぜだろう？と思うかもしれませんが，じつは基準を作ることで，デシベルを絶対値の単位として使用するようになったためです．

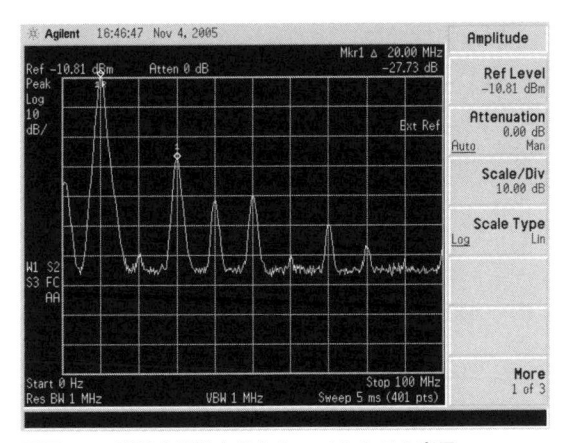

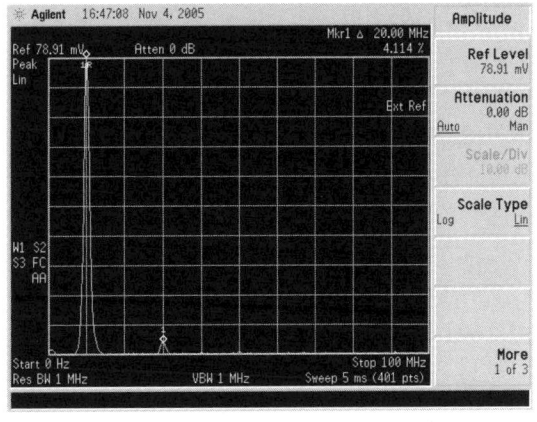

画面A.1　縦軸を対数表示したスペクトラム表示

画面A.2　縦軸をリニア表示したスペクトラム表示

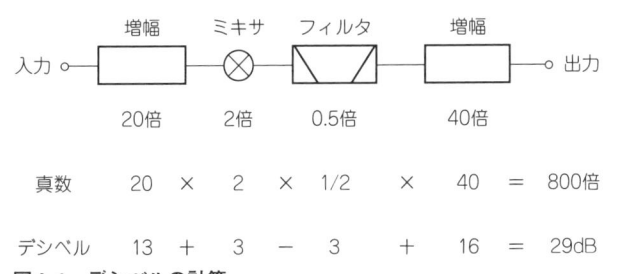

図A.4　デシベルの計算

表A.1　デシベル換算表

真数(倍率)	電圧[dB]	電力[dB]
0.1	－20	－10
0.5	－6	3
1	0	0
1.4	3	1.5
2	6	3
10	20	10

よく使用されるのはdBμVとdBmです．

　dBμは1μV＝0dBμで電圧の単位

　dBmは1mW＝0dBmで電力の単位

になり，上記の注意書きの場合は＋30dBm＝1Wとなります．

　デシベルは対数のため暗算は難しいのですが，いくつかの基本的な値を覚えておくことで使いやすくなります．その値は電圧で3dB，6dB，20dB，電力で1.5dB，3dB，10dBです．表A.1に示すように，ともに真数では1.4倍，2倍，10倍になります．

　例えば電力の場合は，

　5倍：10/2倍＝10dB－3dB＝7dB

　20倍：10倍×2倍＝10dB＋3dB＝13dB

　43dB：10dB＋10dB＋10dB＋10dB＋3dB＝10×10×10×10×2＝20000倍

と計算できます．

　ちなみに，dBmはデービーエムと，dBμはデービーマイクロと読みます．

インピーダンス

　インピーダンスとは，交流を流した際に生じる抵抗のことです．抵抗なので単位はΩ（オーム）です．

直流から低周波領域では通常の抵抗と同等ですが，高周波領域では通常の抵抗値に，コイルとコンデンサが作り出す抵抗が加わります．そのため，同じ回路でも周波数によってインピーダンスが変わるため，使用する周波数で目的のインピーダンスとなるように設計されます．

　被測定物とスペクトラム・アナライザを接続するためには，インピーダンスを合わせる（整合する）必要があります．被測定物のインピーダンスがスペクトラム・アナライザのインピーダンスよりも高い場合には電流だけが，低い場合には電圧だけがきれいに伝わりますが，どちらの場合にも電流と電圧の積である電力には損失が発生します．

　高周波用スペクトラム・アナライザの入力インピーダンスは50Ωか75Ωが標準です．無線通信機器では50Ω，TVなどの映像機器では75Ωが使われます．

　正しく測定する場合には測定する信号の出力インピーダンスを，スペクトラム・アナライザの入力インピーダンスに合わせる必要があります．合わせるのが難しい場合には，整合パッド（アッテネータ）などを使用します．

VSWR（Voltage Standing Wave Ratio）

　信号の送出側と受け側のインピーダンスが不整合の場合，損失分の電圧が反射して出力側に戻り，悪影響を及ぼすことがあります．

　元の信号を進行波，戻ってくる信号を反射波と呼びます．

　進行波と反射波の位相が合うと電圧は上昇し，異なると下降します．進行波と反射波の干渉でできた電圧の凸凹の比率を*VSWR*と呼びます．

　図A.5に示すようにインピーダンスの整合が完全な場合には反射波が発生しないため，干渉は起きず*VSWR*は1に，不整合が発生し全信号が反射されると*VSWR*は無限大となります．

　*VSWR*は悪くても3以下に抑えるようにするべきで，*VSWR*が3のときには送った電力の1/4が反射波となります．

　インピーダンスの整合が取れない場合に整合パッド（アッテネータ）を挿入しますが，なぜアッテネータを挿入すると整合が取れるのでしょうか？ 同軸ケーブルのロスはないものとして考えてみます．

　例えば**図A.6**のように，電力10Wの信号を終端がショートした同軸ケーブルに供給する場合，全電

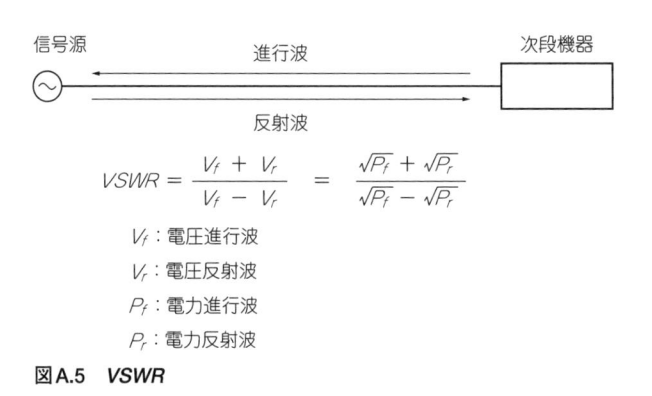

$$VSWR = \frac{V_f + V_r}{V_f - V_r} = \frac{\sqrt{P_f} + \sqrt{P_r}}{\sqrt{P_f} - \sqrt{P_r}}$$

V_f：電圧進行波
V_r：電圧反射波
P_f：電力進行波
P_r：電力反射波

図A.5　*VSWR*

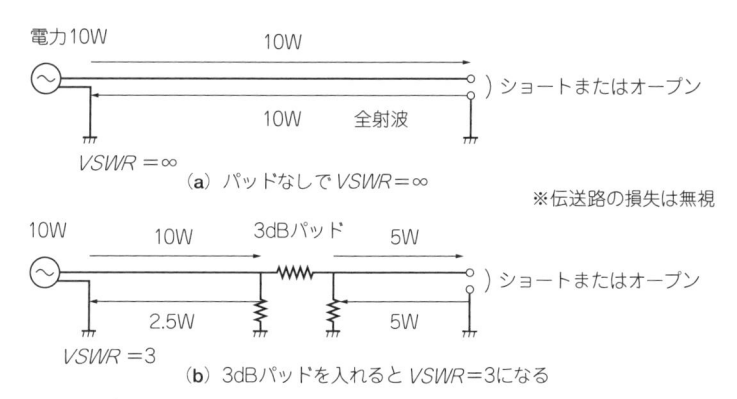

図A.6 パッド(アッテネータ)を入れるとVSWRが下がる

力の10 Wが反射波として戻ってくるために，VSWRが無限大になります．

次に3 dBの整合パッドを入れた場合を考えます．10 Wの信号は整合パッドで3 dB減衰し，ケーブル終端では5 Wになります．全電力が反射されるため反射波も5 Wになりますが，反射波が信号源に戻るまでにまた3 dB減衰するため，信号源での反射波は2.5 Wになり VSWRは3になります．

高周波用コネクタ

高周波用のコネクタには用途や電力容量など，使用目的に合わせるために**写真A.2**のようにいろいろなタイプが存在します．インピーダンスはほとんどが50 Ωと75 Ωです．

測定に当たっては測定器の信号入力コネクタのタイプはもちろんのこと，被測定物のコネクタ，計測用アクセサリのコネクタにも考慮が必要になります．測定系のコネクタを統一しておくとスムーズに測定を進めることができます．

スペクトラム・アナライザにも信号入力はN型，レファレンス信号出力はBNC型，外部トラッキング・ジェネレータとの局発信号の接続にはSMA型と周波数と用途に合わせて使い分けられています．

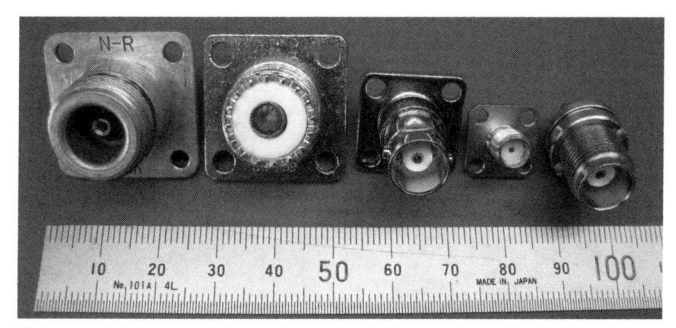

写真A.2 いろいろなコネクタ(左からN型，M型，BNC型，SMA型，F型)

●N型コネクタ

　GHzの周波数帯でも使用でき，コネクタ内部も同軸構造になっているため，インピーダンスはほとんど乱れず，電力容量も多いたいへん良い特性のコネクタです．
　測定器やV/UHF帯の送信機などで使用されています．欠点は高価なこととBNC型と同じくケーブルとの接続が難しいことです．

●M型コネクタ

　安価で丈夫なコネクタです．
　電力容量もありケーブルとの接続も簡単ですが，インピーダンスの整合は考慮されていないためにVHF以下の周波数で使用されています．
　N型とM型コネクタの外側径とねじピッチは同じなので，N型のメスにM型のオス・コネクタを差し込むと，N型の中心コンタクトが破損するので注意してください．

●F型コネクタ

　インピーダンスの乱れが少なく，安価で取り扱いやすいので，家庭用TVやVTRのアンテナ端子として多用されています．市販品はTVアンテナのインピーダンスに合わせた75Ω用です．
　欠点は，抜けやすく電力容量も少ないため送信用に使用されることはほとんどありません．

●BNC型コネクタ

　BNC型コネクタはインピーダンスの乱れがほとんどなく，脱着も簡単で接続も確実，高い周波数まで使用できるということで，測定器や高級映像機器の映像信号，ハンディ・タイプの無線機のアンテナ端子などに使用されています．インピーダンスは無線関連では50Ω，映像関連では75Ωが使用されています．
　欠点は高価なことと電力容量が少ないこと，ケーブルとの接続が難しいことです．

●SMA型コネクタ

　小型でインピーダンスの整合も考慮されていて，セミリジット・ケーブルでの使用も可能なためにマイクロ波帯ではもっとも一般的に使用されていると思われます．
　欠点は，小さいためケーブルとの接続が難しく，コネクタの抜き差し回数が多いところでは操作性が悪いことなどです．

測定器の校正

　測定する機器ですから，測定器自体の精度が正しくなければ正しい測定はできません．
　そのために定期的に校正という作業を行い，測定精度を確認する必要があります．
　校正は製造メーカやほかの業者でも行われています．校正することでずれている精度を，正しく直ると思うユーザが多いですが，基本的には正しいかどうかを計測してくれるだけで，精度が基準に達

していない場合には，修理に出す必要があります．
　また，精度の証明は校正に出した時点のものなので，測定器のマニュアルに記載されている方法を用いて，定期的にファンクション・テストを行い正しく動作しているか確認する必要があります．

スペクトラム・アナライザの周波数設定

スペクトラム・アナライザの周波数設定には以下の方法があります．

●センタ周波数と周波数スパン

センタ周波数を設定後に周波数スパンを設定します．この場合の測定周波数は，

$$スタート周波数＝センタ周波数－\frac{周波数スパン}{2}$$

$$ストップ周波数＝センタ周波数＋\frac{周波数スパン}{2}$$

となります．

●スタート周波数とストップ周波数

スタート周波数とストップ周波数の設定します．この場合の測定周波数は，

$$周波数スパン＝ストップ周波数－スタート周波数$$

$$センタ周波数＝スタート周波数＋\frac{周波数スパン}{2}$$

となります．
　測定信号の周波数が判明している場合にはセンタ周波数指定を，周波数範囲内の信号の分布などを測定する場合にはスタート－ストップ周波数指定のように測定対象によって使い分けるようにします．

スペクトラム・アナライザの入手方法

スペクトラム・アナライザを入手(購入)するためには
　① 新品を購入
　② リースアップなどの保証や校正が付いた中古品を購入
　③ 通常の初期不良のみ保証する中古品を購入
　④ 保証なしのジャンク品を購入
という方法が考えられると思います．
　①の新品を購入するのは，もっとも安全確実な入手方法です．好きなオプションも選べますし，保証も付くので安心して使用できます．
　一般の電気店では販売されていないので，代理店経由になると思いますが，一部のメーカでは直接販売もするようです．

②のリースアップ品は各リース会社が販売しています．中古品とはいっても比較的新しい機種で校正や保証も付いている品も多く，種類も豊富なので目的にあった中古品を探すのも容易だと思います．
　③は中古計測器専門店や②のリース会社でもときどき取り扱っています．アマチュアが個人で購入するには価格とリスクのバランスが微妙です．
　④は中古ショップやネット・オークションなどで見つけることができます．価格の面では一番リーズナブルですが，製品を見極める目がないと，粗悪なジャンク品を高額で購入することになりかねません．もちろん，動作も問題ない機器を格安でゲットできる可能性もあります．
　ただ，不具合がある計測器を安く購入して修理に出すというのはあまりお勧めできません．いくら購入価格が安くても，元は高価な計測器なので修理代もそれなりに高額になる場合が多く，自分で修理する場合でも，回路図やサービス・マニュアルの入手が難しかったり，故障箇所がカスタムICで手も足も出ない場合も多々あります．またジャンク計測器では，シリアル・ナンバがはずされて販売されている場合も多く，シリアル・ナンバがない場合は，基本的にメーカではサポートしてもらえません．

●トラッキング・ジェネレータもほしい場合は

　スペクトラム・アナライザとトラッキング・ジェネレータの組み合わせを検討する場合には，トラッキング・ジェネレータ内蔵機種，もしくはセットで販売されているものを探すことをお勧めします．
　それは，中古品ではスペクトラム・アナライザ10台に対し，対応するトラッキング・ジェネレータ1台以下ぐらいの割合でしか流通していないためです．そのため，後から対応するトラッキング・ジェネレータを探すのはたいへんです．

分解能帯域幅(Resolution Band Width：RBW)

　分解能帯域幅(RBW)とは，スペクトラム・アナライザの最終IFフィルタの幅(通過帯域)のことです．一般にはIFフィルタの最小挿入損失点から3dBレベルが下がった3dB帯域幅，もしくは6dBレベルが下がった6dB帯域幅を指定します．
　受信機で混信を受けた場合に，IFフィルタの帯域を狭めて混信を低減させるのと同様に，スペクトラム・アナライザでも，近接した複数のスペクトラムを分離して表示するためにRBWの設定を行います．本来，正弦波のスペクトラムは線1本で表示されますが，フィルタはある程度の帯域をもっているので分解能帯域幅を狭くしないと信号を見落とすことがあります．
　多くのスペクトラム・アナライザでは，スパン周波数を設定すると，自動的に最適なRBWを選択してくれるAUTOモードが備わっています．
　通常，振幅が等しい二つの正弦波は，IFフィルタの3dB帯域幅だけ周波数が離れていれば分離して表示可能ですが，多くの場合は振幅レベルが異なることが多く，画面A.3のように小さいほうの正弦波は大きいほうの応答のスカートの下に隠れてしまうことがあります．
　そのようなときには，分解能帯域幅をマニュアルで設定して測定を行う必要があります．
　また，分解能帯域幅を変更すると，IFフィルタを通過するノイズ量も変化するため，ノイズ・フロアのレベルが変わります．画面A.4のように分解能帯域幅を1/10にすると，ノイズは10dB減少し，逆

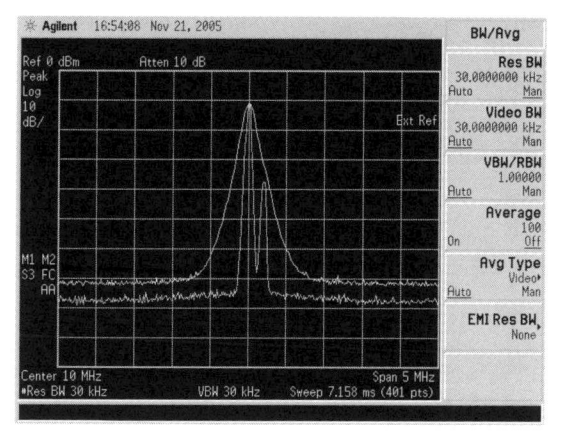

Appendix ● 分解能帯域幅（Resolution Band Width：RBW）

画面A.3　小さい波形が大きい波形に隠れてしまう

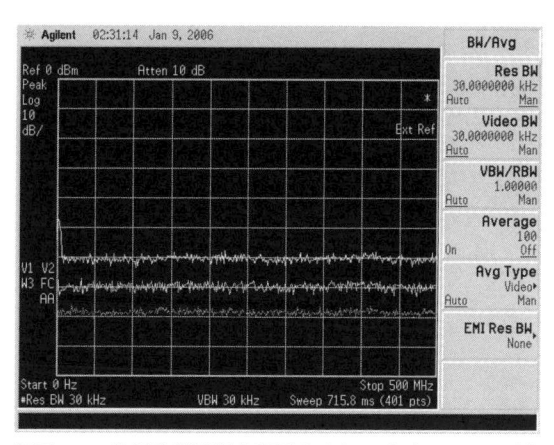

画面A.4　分解能帯域幅を変更するとノイズ・フロアが変化する

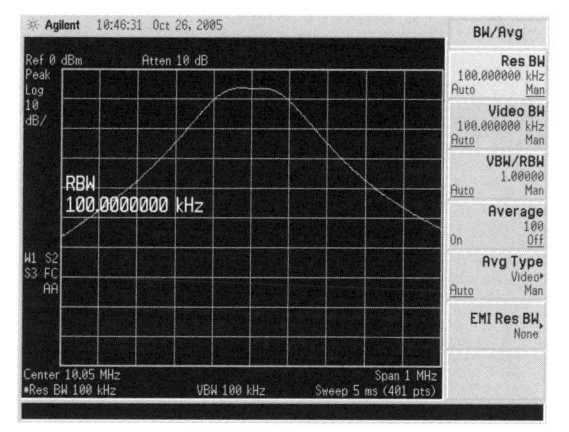

画面A.5　RBWを100 kHzに設定した2信号波形

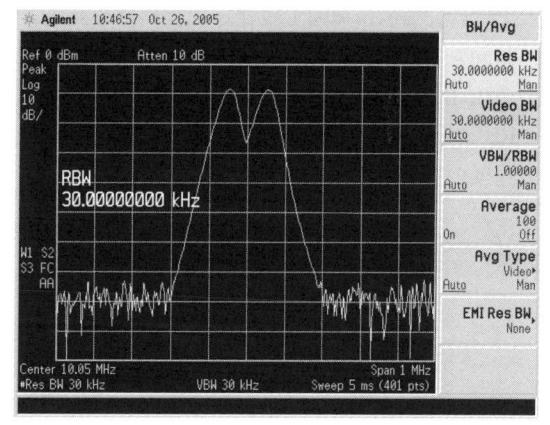

画面A.6　RBWを30 kHzに設定した2信号波形

に10倍にするとノイズも10 dB増加します．

　分解能帯域幅をマニュアルで設定する際には以下の点に注意する必要があります．

　分解能帯域幅を変化させるということは，スペクトラム・アナライザのIFフィルタの通過帯域を変更することです．フィルタの通過帯域を狭くすると，フィルタ通過後の振幅が信号本来のレベルに達するまでの反応時間が長くなるために，掃引速度を遅くしなければ正確なレベルが測定できません．また，この速度はIFフィルタの時定数に依存しています．

　そのため，フィルタの時定数が早ければ，帯域を狭めた際の掃引速度が早くなります．だいたい分解能を2倍細かくすると，掃引時間は4倍に設定する必要があります．IFフィルタの時定数以上の分解能帯域幅を設定すると，測定確度が取れなくなるため，ほとんどのスペクトラム・アナライザでは画面に「Uncal」と警告メッセージが表示されます．

　上記のように，適切な分解能帯域幅を選択することにより，スペクトラム・アナライザの性能を最大限に活用することができます．

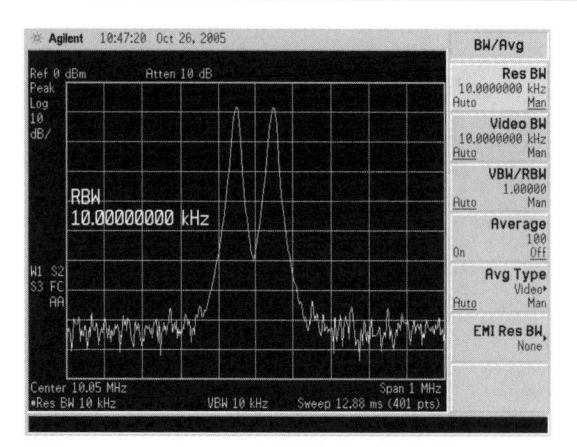

画面A.7　RBWを10 kHzに設定した2信号波形 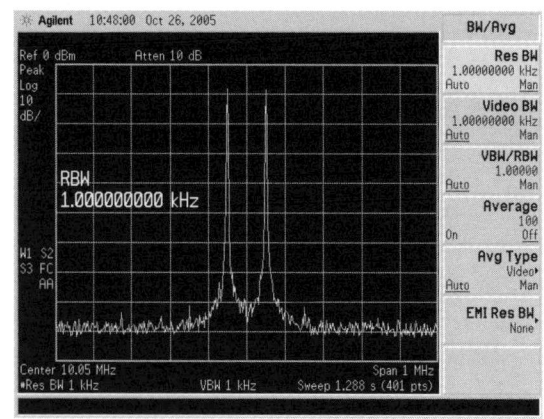　　　画面A.8　RBWを1 kHzに設定した2信号波形

実際に分解能帯域幅を変化させた例を紹介します．

画面A.5～画面A.8は，10.00 MHzと10.10 MHzの2波をスペクトラム・アナライザに入力し，RBWを100 kHz，30 kHz，10 kHz，1 kHzと変化させた場合の画像です．

RBWの変更により二つのスペクトラムが分離して表示されるようすと，RBWを狭めることに伴う掃引速度の変化，ノイズ・フロアの位置にも注目してください．

ノイズ・フィギュア

プリアンプなどで信号を増幅する場合，目的信号と同時に雑音（ノイズ）も増幅します．そのうえ，プリアンプ自体がノイズを発生するために，結果的にアンプ出力のノイズは信号よりも大きな割合で増加します．

しかし，アンプ出力のS/Nだけでは，増幅された外部ノイズか内部で発生したノイズかの判断ができません．そのためにアンプの性能を表す値の一つとして，ノイズ・フィギュア（NF）が使われます．

信号とノイズの比率をS/Nと呼び，次式で表します．

$$NF(\mathrm{dB}) = 10 \times \log \frac{出入のS/N}{入力のS/N}$$

NFは入力のS/Nと出力のS/Nの比率をデジベルで表記したものです．

内部ノイズが発生しない理想増幅器のNFは0 dBになります．また，信号源のノイズの量と増幅器のノイズの量が等しくなったときのNFは3 dBになります．

スペクトラム・アナライザ用語集

出典：アジレント・テクノロジー株式会社「Application Note 150 スペクトラム解析の基礎」

【あ・ア行】

アナログ表示
包絡線検波器からのアナログ信号情報をディスプレイに直接書き込む技術で，通常，ブラウン管（CRT）に実装されています．アナログ表示は，スペクトラム・アナライザで情報を表示する際の標準の方法でした．しかし，最新のスペクトラム・アナライザではこの技術はもはや使用されず，ディジタル表示が使用されています．

位相雑音
ノイズ側波帯を参照してください．

イメージ周波数
スペクトラム・アナライザ入力に存在する二つ以上の実際の信号で，同じLO周波数でIFレスポンスを生成します．変調成分はすべて，同じLOおよびIF周波数で発生するので，それらを区別することはできません．

イメージ・レスポンス
スペクトラム・アナライザによって示された周波数から，実際にはIFの2倍離れている表示信号です．LOの各高調波に対して，LO周波数よりIFだけ下と，IFだけ上のイメージ・ペアがあります．イメージは，通常プリセレクタがないスペクトラム・アナライザにのみ現われます．

エラー・ベクトル振幅（EVM）
ディジタル通信システムにおける品質尺度です．EVMは，理想基準信号と測定信号の，時間軸のある瞬間におけるベクトル差の大きさです．

【か・カ行】

外部ミキサ
通常，導波管入力ポートを備えた独立ミキサです．外部ミキサを利用できるスペクトラム・アナライザでは，周波数レンジを拡張するために使用します．アナライザは，LO信号と必要に応じてミキサ・

バイアスを提供します．変調成分が，アナライザのIFに入力されます．

感度
スペクトラム・アナライザで，通常，最小分解能帯域幅，0 dB RF入力減衰，最小ビデオ帯域幅という最適条件で観察できる，最小正弦波のレベルです．アジレント・テクノロジー社では，感度を表示平均ノイズ・レベルとして定義しています．このレベルでの正弦波は，ノイズより約2 dB上に現われます．

基準レベル
振幅測定の基準として使用される，表示上の校正済み垂直位置です．基準レベル位置は，通常，格子線の一番上のラインです．

寄生FM
振幅変調など，ほかの形式の変調に起因する（寄生する），デバイス（信号源，増幅器）の出力上の不要な周波数変調です．

高調波ひずみ
信号が通過するデバイス（ミキサや増幅器など）の非リニア動作の結果として，信号に追加される不要な周波数成分です．これらの不要な成分は，元の信号と高調波関係があります．

高調波ミキシング
スペクトラム・アナライザの波長範囲を，LO基本波だけを使って実現可能なレンジを超えて拡張するため，ミキサで生成されたLO高調波を使用する方法です．

コンスタレーション・ダイヤグラム
ディジタル変調された信号を解析するときに一般的に使用される表示タイプで，検波されたシンボル・ポイントが，IQグラフにプロットされます．

【さ・サ行】

雑音指数
デバイス（ミキサ，増幅器）の入力でのS/Nとデバイスの出力でのS/Nの比です．通常，dB単位で表します．

サンプル
各ポイントで表示される値が，ポイントによって表される周波数スパンあるいはタイム・インターバルの最後における，ビデオ信号の瞬時値である表示検波モードです．

残留FM
ほかの変調が存在しないときの，発振器の固有の短期周波数不安定性です．スペクトラム・アナライ

ザの場合，LOを掃引する場合を含めるよう，定義が拡張されています．残留FMは，通常ピーク・ツー・ピーク値で指定します．少しでも表示できる場合，もっとも簡単に測定される値だからです．

残留応答
入力信号が存在しないときに，スペクトラム・アナライザ表示で見られる離散レスポンスです．

シェープ・ファクタ
帯域幅選択度を参照してください．

周波数安定度
短期と長期のLO不安定性をカバーする，一般的な表現方法です．LOを同調する掃引ランプによっても，信号の表示位置が変わります．LO周波数に，掃引ランプを基準とした長期変動(ドリフト)があると，信号が，表示で水平方向にゆっくりとシフトします．短期なLOの不安定性がある場合，安定した信号にランダムFM，または位相雑音が現われる可能性があります．

周波数応答
周波数の関数として示す，信号の表示振幅の変動(フラットネス)です．通常，極値間の中間の値を基準に，±dBの項で指定します．キャリブレータ信号を基準として指定することもできます．

周波数確度
信号またはスペクトル成分の周波数を示すときの不確かさで，絶対値として表す場合と，そのほかの信号やスペクトル成分に対する相対値として表す場合があります．絶対周波数確度と相対周波数確度は，独立に指定されます．

周波数スパン
表示の横軸によって表される周波数レンジです．通常，周波数スパンは，フル表示に渡る合計スパンとして示されます．一部の初期アナライザは，周波数スパン(スキャン幅)を目盛りベースで示します．

周波数分解能
近接するスペクトル成分を分離し個別に表示する，スペクトラム・アナライザの能力です．等振幅成分の分解能は，分解能帯域幅によって決定されます．振幅の異なる信号に対する分解能力は，分解能帯域幅と帯域幅選択度の関数です．

周波数レンジ
スペクトラム・アナライザが同調できる，最小周波数から最大周波数までの範囲です．通常，アナライザの同軸入力に対する最大周波数を考えますが，多くのマイクロ波アナライザでは，外部導波管ミキサを使って，レンジを拡張できます．

準尖頭値ディテクタ(QPD)

出力が信号振幅とパルス繰り返し周波数の関数である，ディテクタです．QPDは，より高いパルス繰り返し周波数をもつ信号に対して，より高い重みを与えます．リミットでは，QPDは一定振幅(CW)信号で信号を測定するときのピーク・ディテクタと同じ振幅を示します．

信号識別

スペクトラム・アナライザの表示の特定レスポンスが，表示を校正したときと同じミキシング・モードから来るかどうかを示す，手動または自動のルーチンです．自動の場合，ルーチンによって正しいミキシング・モードの信号を表示するよう，アナライザの同調を変更できます．または，信号の周波数を示し，信号を無視するか，信号に対してアナライザを自動同調するかのオプションを表示することができます．通常，プリセレクタ・アナライザでは必要ありません．

信号純度

ノイズ側波帯を参照してください．

振幅確度

振幅レベル測定の不確かさのことです．

振幅基準信号

アナライザが自己校正に使用する，精密な周波数と振幅の信号です．

スケーリング係数

表示の縦軸の目盛り当たり校正係数です．

スパン確度

表示の二つの信号の，示された周波数分離の不確かさです．

スプリアス・レスポンス

入力信号の結果としてスペクトラム・アナライザ表示に現われる，不適切なレスポンスです．内部生成ひずみ成分は，イメージ・レスポンスとマルチ・レスポンスとしての，スプリアス・レスポンスです．

スペクトル

異なる周波数と振幅の正弦波の配列で，位相を基準に正しく関連付けられており，全体として取り込まれ，特定のタイム・ドメイン信号を構成します．

スペクトル成分

あるスペクトルを含む正弦波の一つです．

正のピーク
各表示ポイントが，そのポイントによって表される周波数スパンあるいはタイム・インターバルの部分に対し，ビデオ信号の最大値を示す表示検波モードです．

絶対振幅確度
電圧または電力を絶対項とする，振幅測定の不確かさです．相対不確かさ(相対振幅確度を参照)とキャリブレータの不確かさを含みます．確度を上げるため，一部のスペクトラム・アナライザでは，ピーク・ツー・ピーク極値間の中間点はもちろん，キャリブレータも基準として，周波数応答を指定します．

ゼロ・スパン
スペクトラム・アナライザのLOが，所定周波数で固定されたままになり，アナライザが固定同調受信機となる場合です．受信機の帯域幅は，分解能(IF)帯域幅の帯域幅です．信号振幅の変動は，時間の関数として表示されます．信号情報の損失を回避するには，分解能帯域幅が信号帯域幅と同じ幅でなければなりません．スムージングを回避するには，ビデオ帯域幅を分解能帯域幅より広く設定する必要があります．

掃引時間
選択したスパンに渡って，LOを同調する時間です．掃引時間には，一つの掃引の終了と次の掃引の開始との間のデッド・タイムは含まれません．ゼロ・スパンでは，スペクトラム・アナライザのLOが固定されるので，表示の横軸が時間でのみ校正されます．非ゼロ・スパンでは，横軸が周波数と時間で校正され，掃引時間は通常，周波数スパン，分解能帯域幅，ビデオ帯域幅の関数となります．

相互変調ひずみ
ノンリニア動作をもつデバイス(ミキサ，増幅器)を通過する二つ以上のスペクトル成分の，相互作用の結果である，不要な周波数成分です．不要な成分は基本波成分と，基本波と各種高調波の和と差($f_1 \pm f_2$, $2f_1 \pm f_2$, $2f_2 \pm f_1$, $3f_1 \pm 2f_2$など)によって生成されます．

相対振幅確度
絶対振幅に関係なく，一つの信号の振幅をもう一つの信号の振幅と比較する振幅測定の不確かさです．ひずみ測定は，相対測定です．不確かさの要因には，周波数応答，表示忠実度と，入力減衰，IF利得，スケーリング係数，分解能帯域幅の変化が含まれます．

測定範囲
測定できる最大信号レベル(通常，最大安全入力レベル)と最小達成可能平均ノイズ・レベルの比です．dBで表されます．この比は，ほとんどつねに，シングル測定で実現可能な比よりもはるかに大きくなります．ダイナミック・レンジを参照してください．

【た・タ行】

帯域幅選択度
振幅が等しくない信号を分解するアナライザの能力の尺度です．帯域幅選択度は，シェイプ・ファクタとも呼ばれ，分解能(IF)フィルタの60 dB帯域幅と3 dB帯域幅との比になります．一部のアナライザでは，3 dB帯域幅の代わりに6 dB帯域幅が使用されます．どちらの場合も，帯域幅選択度によって，フィルタのスカートがどれだけ急勾配であるかがわかります．

対数(Log)表示
表示上の垂直偏向が，入力信号の電圧の対数関数となる表示モードです．格子線の一番上のラインの値(基準レベル)とdB/div単位のスケーリング係数を選択することにより，表示校正を設定します．アジレント・テクノロジー社のアナライザでは，スケーリング係数が10 dB/div以上の場合には格子線の一番下のラインがゼロ・ボルトを表すので，これらの場合，一番下の目盛りは校正されません．最新アナライザでは，基準レベルとマーカ値を，dBm，dBmV，dBμV，ボルト，および場合によってはワットで示すことができます．初期のアナライザは，単位の選択肢が一つしかなく，dBmが通常でした．

ダイナミック・レンジ
所定の確度まで測定できる，スペクトラム・アナライザ入力に同時に存在する最大信号と最小信号の比(単位dB)です．ダイナミック・レンジは，通常ひずみ成分や相互変調成分の測定で用いられます．

タイム・ゲーティング
測定対象信号の特性に基づいて，スペクトラム・アナライザの周波数掃引を制御する方法です．通常，パルス変調信号またはバースト変調信号(時間多重信号および間欠的な信号)を解析するときに有効です．

単位
測定される数量の寸法です．振幅量は変更可能であるため，単位は通常，振幅量をさします．最新スペクトラム・アナライザの場合，使用可能な単位はdBm(アナライザの公称入力インピーダンスで消費される1mWに相対したdB)，dBmV(1mVに相対したdB)，dBuV(1μVに相対したdB)，ボルトと一部のアナライザではワットです．アジレント・テクノロジー社のアナライザでは，対数表示とリニア表示で単位を指定できます．

ディジタルIF
最新スペクトラム・アナライザで見られるアーキテクチャで，信号は，RF周波数から中間周波数(IF)へダウン・コンバートされるとすぐにディジタイズされます．これ以降のすべての信号処理が，ディジタル信号処理(DSP)技術を使って行われます．

ディジタル表示
メモリにストアされた，ディジタイズしたトレース情報を画面上に表示する技術です．表示トレースは一連のポイントですが，トレースが連続して見えるようにデザインされています．デフォルトの表示ポイント数はモデルによって異なります．ほとんどの最新スペクトラム・アナライザでは，表示されるポイントの数を制御することにより，ユーザが希望の分解能を選択できます．表示は，ちらつきのない速度で更新され，メモリ内のデータから再書き込みされます．メモリ内のデータは，掃引速度でアップデートされます．ほぼすべての最新スペクトラム・アナライザに，初期のアナライザで使用されていたCRTベースのアナログ表示ではなく，ディジタル・フラット・パネルLCDディスプレイが装備されています．

デルタ・マーカ
固定の基準マーカが設定されており，2番目のアクティブ・マーカが使用でき，表示トレースの任意の場所に配置できるモードです．表示値として，基準マーカとアクティブ・マーカ間の相対周波数や振幅の差が表示されます．

ドリフト
表示上の信号位置の(掃引時間と比較して)非常に遅い変化で，LO周波数対掃引電圧の変化の結果として現われます．ドリフトの主な原因は，スペクトラム・アナライザの周波数基準の温度安定性と経年変化です．

【な・ナ行】

入力アッテネータ
スペクトラム・アナライザの入力コネクタと最初のミキサ間のステップ・アッテネータです．RFアッテネータとも呼ばれます．入力アッテネータを使って，第1ミキサでの信号インシデントのレベルを調整します．アッテネータは，高レベルあるいは広帯域信号による利得圧縮の防止や，内部生成ひずみの度合いの制御によるダイナミック・レンジの設定に使用します．一部のアナライザでは，入力アッテネータ設定を変更すると，表示信号の垂直位置が変化し，基準レベルもそれにしたがって変化します．最新のアジレント・テクノロジー社のアナライザでは，入力アッテネータの変化を補正するためIF利得を変更するので，信号は表示上で静止したままで，基準レベルも変化しません．

入力インピーダンス
アナライザが信号源に示す終端インピーダンスです．RF/マイクロ波アナライザの公称インピーダンスは，通常50Ωです．ケーブルTVなどのシステムの場合，75Ωが標準です．公称入力インピーダンスと実際の入力インピーダンスとの不整合の度合いは，VSWR(電圧定在波比)として表示されます．

ノイズ側波帯
スペクトラム・アナライザのLO(主に最初のLO)システムの短期不安定性を示す，変調側波帯です．

変調信号は，LO回路自体あるいはLO安定化回路内のノイズで，側波帯は，ノイズ・スペクトルから成ります．ミキシング・プロセスは，LO不安定性を変調成分に転送するので，ノイズ側波帯が，アナライザの，広帯域ノイズ・フロアから十分上に表示されたスペクトル成分に現われます．側波帯はノイズなので，スペクトル成分に相対する側波帯レベルは，分解能帯域幅の関数です．ノイズ側波帯は通常，搬送波からの所定オフセットにおける，dBc/Hz（搬送波に相対した1Hz帯域幅での振幅）で表示されます．搬送波は，表示上に示されたスペクトル成分です．

ノイズ・マーカ

その値が，1Hzノイズ・パワー帯域幅でのノイズ・レベルを示すマーカです．ノイズ・マーカを選択すると，サンプル表示検波モードがアクティブになり，マーカを中心に，連続トレース・ポイント（数は，アナライザによって異なります）の値が平均され，この平均値が，1Hzノイズ・パワー帯域幅に正規化されます．正規化プロセスでは，検波と帯域幅，および対数表示モードを選択したときにはログ・アンプの効果が考慮されます．

【は・ハ行】

ビデオ

スペクトラム・アナライザでは，包絡線検波器の出力を説明する用語です．周波数レンジは，0Hzから通常，アナライザで使用可能な最大分解能帯域幅をはるかに超える周波数まで広がります．ただし，ビデオ・チェーンの最終帯域幅は，ビデオ・フィルタの設定によって決定されます．

ビデオ・アベレージング

スペクトラム・アナライザのトレース情報のディジタル・アベレージングです．アベレージングは，表示の各ポイントで独立して実行され，ユーザ選択の掃引回数で完了します．アベレージング・アルゴリズムが，現在の掃引の所定ポイントの振幅値に重みファクタ（$1/n$，nは現在の掃引の数）を適用し，前にストアした平均に別の重みファクタ$[(n-1)/n]$を適用し，二つを結合して現在の平均を得ます．指定回数の掃引を完了した後は，重みファクタは一定のままになり，表示は動作平均になります．

ビデオ増幅器

CRTの垂直偏向プレートをドライブする，検波後のDC結合増幅器です．ビデオ帯域幅とビデオ・フィルタを参照してください．

ビデオ帯域幅

ビデオ回路の調整可能なローパス・フィルタのカットオフ周波数（3dBポイント）です．ビデオ帯域幅が分解能帯域幅以下の場合，ビデオ回路は，包絡線検波器の出力により急激なばらつきに，完全には応答できません．その結果，トレースのスムージングが起こります．すなわち，広帯域モードで表示するとき，ノイズやパルスドRFなどの広帯域信号のピーク・ツー・ピーク・エクスカーションが減少します．アベレージングまたはスムージングの度合いは，ビデオ帯域幅と分解能帯域幅の比の関数で

す．

ビデオ・フィルタ
ビデオ増幅器の帯域幅を決定する，検波後のローパス・フィルタです．トレースのアベレージングまたはスムージングに使用します．ビデオ帯域幅を参照してください．

表示スケール忠実度
スペクトラム・アナライザで，振幅の相対差を測定する際の不確かさです．アナログIFセクションをもつアナライザ内にある，対数およびリニアIF増幅器では，完全な対数レスポンスまたはリニア・レスポンスが得られません．このため，不確かさが導入されます．ディジタルIFセクションをもつ最新のアナライザは，はるかに優れた表示スケール忠実度を備えています．

表示ダイナミック・レンジ
大きい信号と小さい信号を，スペクトラム・アナライザ・ディスプレイに同時に表示できるときの最大ダイナミック・レンジです．10 dB/divの最大対数表示をもつアナライザの場合，実際のダイナミック・レンジ（ダイナミック・レンジを参照）は，表示ダイナミック・レンジより大きい可能性があります．

表示ディテクタ・モード
信号情報が，画面に表示される前に処理される方法です．負のピーク，正のピーク，サンプルを参照してください．

表示範囲
特定の表示モードとスケーリング係数に対する，表示の校正済みレンジです．リニア表示，対数表示，スケーリング係数を参照してください．

表示平均ノイズ・レベル
表示ノイズが基本的に直線として見えるよう，ビデオ帯域幅を十分狭く設定して，ピーク・ツー・ピーク・ノイズばらつきを減らした後に，アナライザの表示で見られるノイズ・レベルです．通常，アナライザ自体の内部生成ノイズを指し，感度の尺度となります．最小分解能帯域幅と最小入力アッテネータの条件下で，dBm単位で指定します．

負のピーク
各表示ポイントが，そのポイントによって表される周波数スパンあるいはタイム・インターバルの部分に対し，ビデオ信号の最小値を示す表示検波モードです．

フラットネス
周波数応答を参照してください．

プリアンプ

アナライザ自体の感度よりもシステム(プリアンプ/スペクトラム・アナライザ)感度を向上させる,低雑音指数の外部増幅器です.

プリセレクタ

スペクトラム・アナライザの入力ミキサに先行し,適切なミキシング・モードをトラックする,同調可能なバンドパス・フィルタです.プリセレクタは,通常2 GHzより上の周波数でのみ使用されます.プリセレクタは,基本的にマルチ・レスポンスとイメージ・レスポンスを除去し,特定の信号条件に対して,ダイナミック・レンジを改善します.

フル・スパン

アナライザの波長範囲全体をカバーする周波数スパンを意味します.

ブロッキング・キャパシタ

不要な低周波数信号(DCを含む)による回路の損傷を防止するために入力段に挿入されているフィルタ(コンデンサ)です.ブロッキング・キャパシタは,正確に測定できる最低周波数を制限します.

分解能

周波数分解能を参照してください.

分解能帯域幅

最小挿入損失ポイント(表示上の最大偏向ポイント)より下のレベルにおける,スペクトラム・アナライザの分解能帯域幅(IF)フィルタの幅です.アジレント・テクノロジー社のアナライザの場合,3 dB帯域幅が指定されます.6 dB帯域幅を使用する場合もあります.

平均値検波

周波数インターバルに渡るパワーを合計する検波方法です.ディジタル変調I/Q信号や,ノイズのような特性をもつそのほかのタイプの信号の測定によく使用されます.パワー(実効値)アベレージングは,バケット・インターバルの真の平均パワーを測定します.電圧アベレージングは,バケット・インターバルの平均電圧データを測定します.対数パワー(ビデオ)アベレージングは,バケット・インターバル中の信号のエンベロープの対数振幅(単位:dB)を測定します.

平均ノイズ・レベル

表示平均ノイズ・レベルを参照してください.

ベクトル表示

初期のスペクトラム・アナライザ・デザインで使用された表示タイプで,イメージ(トレース,格子線,注釈表示)は,現在一般的に使用されているラスタ表示のように一連のドットから作成せずに,電子ビ

ームの方向を指定して，CRT面に直接書き込んでいました．

ベクトル・ダイヤグラム
ディジタル変調信号を解析するときに一般的に使用される表示タイプです．コンスタレーション表示に似ていますが，検波されたシンボル・ポイントに加えて，状態遷移中の瞬時パワー・レベルも，IQグラフにプロットされます．

包絡線検波器
その出力が，入力信号の瞬時変動ではなく，エンベロープに従う回路要素です．スーパ・ヘテロダイン・スペクトラム・アナライザでは，包絡線検波器への入力は，最終IFからなされます．出力はビデオ信号です．アナライザをゼロ・スパンに置くと，包絡線検波器が入力信号を復調します．変調信号を，時間の関数として画面で表示できます．

【ま・マ行】

マーカ
表示された信号トレースに沿って任意の場所に配置できる，表示インジケータです．表示値は，マークされたポイントにおける，トレースの周波数と振幅の絶対値を示します．振幅値は，現在選択されている単位で示されます．デルタ・マーカとノイズ・マーカも参照してください．

マルチ・レスポンス
一つの入力信号から得られた，スペクトラム・アナライザ表示上の二つ以上のレスポンスです．マルチ・レスポンスは，ミキシング・モードがオーバラップしており，LOが広いレンジで掃引され，入力信号が一つ以上のミキシング・モードで混合するときにのみ発生します．通常，プリ・セレクタをもつアナライザでは発生しません．

ミキシング・モード
スペクトラム・アナライザで，あるレスポンスを作成するときの，特定状況の記述です．ミキシング・モード(例，1＋)は，ミキシング・プロセスで使用されるLOの高調波と，入力信号がその高調波の上にあるか(＋)，下にあるか(－)を示します．

【ら・ラ行】

ラスタ表示
TVと似たディスプレイで，ディスプレイ表面の横方向には高速に，縦方向にはゆっくりと電子ビームをスキャンし，ビームを適切にゲートONすることにより，イメージを形成します．スキャン速度が十分に高速なので，ちらつきのない表示が可能です．ベクトル表示と掃引時間も参照してください．

利得圧縮

ミキサの飽和により信号の表示振幅が指定dB値だけ低くなるときの，スペクトラム・アナライザの入力ミキサの信号レベルです．信号レベルは通常，1dB圧縮に対して指定されます．スペクトラム・アナライザのモデルに応じて，+3～-10dBmになります．

リニア表示

表示上の垂直偏向が，入力信号の電圧と正比例する表示モードです．格子線の一番下のラインは0Vを表し，一番上のライン(基準レベル)は，スペクトラム・アナライザによって異なる非ゼロ値を表します．ほとんどの最新アナライザでは，基準レベルを選択すると，スケーリング係数は，基準レベル値を格子線目盛りの数で割った値になります．表示はリニアであるものの，最新アナライザでは，基準レベルとマーカ値を，dBm，dBmV，dBμV，および場合によっては，ワットとボルトで示すことができます．

【A～Z】

ACPR

隣接チャネル漏洩電力(Adjacent Channel Power Ratio)は，ある通信チャネルからの信号エネルギーが，隣接チャネルにどれだけあふれ出る(漏れる)かの尺度です．リーケージが大きすぎると，隣接チャネルへの干渉が起きるため，ディジタル通信コンポーネントやシステムでは重要な尺度です．ACLR(Adjacent Channel Leakage Ratio，隣接チャネル漏洩電力)と呼ぶ場合もあります．

CDMA

符号分割多元接続(Code Division Multiple Access)は，複数の通信ストリームを直交符号化し，一つの共通周波数チャネルを共有できるようにするディジタル通信方法です．CDMAは，移動体通信システムで広く使用されている一般的な技術です．

FFT(高速フーリエ変換)

信号を構成する個別のスペクトル成分を得るため，タイム・ドメイン信号で実行する演算です．スペクトルを参照してください．

IFフィード・スルー

入力ミキサを通過する中間周波数の入力信号により，表示上でベースライン・トレースが上がることです．通常，これは，プリセレクタがないスペクトラム・アナライザのみの潜在的な問題です．信号はつねにIFにあるので，トレース全体が上がります．LOとのミキシングは必要ありません．

IF利得／IF減衰

入力ミキサでの信号レベルに影響を与えることなく，表示上の信号の垂直位置を調整します．変更すると，基準レベルの値も，それにしたがって変化します．

LOエミッションまたはフィード・アウト
スペクトラム・アナライザの入力からのLO信号の出現です．レベルは，プリセレクタがないスペクトラム・アナライザでは0 dBmより大きくなる可能性がありますが，プリセレクト・アナライザでは，通常－70 dBm未満です．

LOフィード・スルー
スペクトラム・アナライザを0 Hzに同調したとき，すなわちLOをIFに同調したときの表示上のレスポンスです．LOフィード・スルーは，0 Hzマーカとして使用できます．周波数誤差はありません．

Rosenfell
ビデオ信号がそのポイントによって表される周波数，あるいはタイム・インターバル中に立ち上がるか立ち下がるかで各ポイントに表示される値が，異なる表示検波モードです．ビデオ信号が立ち上がるだけか，立ち下がるだけの場合，最大値が表示されます．ビデオ信号が，立ち上がりも立ち下がりもしない場合，インターバル中の最大値が，奇数ポイントによって表示され，最小値が偶数ポイントによって表示されます．偶数インターバルでのみ発生する信号の損失を防止するため，このインターバル中の最大値が保持され，次の(奇数)インターバルでは，表示値が繰り越された値と現在のインターバルで発生する最大値の，どちらか大きいほうになります．

TDMA
時分割多元接続(Time Division Multiple Access)は，複数通信ストリームが時間でインタリーブされ，共通周波数チャネルを共有できるようにするディジタル通信方式です．

索 引

【数字・アルファベット】

2信号特性	96
3dB帯域幅	48, 107, 114
50 Ω	33
6dB帯域幅	114
60dB帯域幅	107
75 Ω	33
AFツートン・ジェネレータ	97
AM	64
Amplitude Modulation	64
AM変調度	65
AUTOモード	48
A-Dコンバータ	22, 107
BEF	106
BNC型コネクタ	97, 112
BPF	106
CM型	101
CM型方向性結合器	59, 80
DANL	91
dB	108
dBm	108, 109
dBμ	108, 109
dB目盛り	26
DC成分	23
DSP	26, 106
EMI	17, 19
FETプローブ	96
FFT	22
FFT方式	21, 22
FFTアナライザ	22
Freq Count	36
FREQUENCY	33
F型コネクタ	112
HPF	106
IFの通り抜け	27, 28
IF周波数	23, 27
IF妨害	28
IFゲイン確度	93
IMD	70
Initial	41
Inter Modulation Distortion	70
IP	97
*LC*フィルタ	94, 107
LPF	106
MARKER	36
Marker→	37, 48
Max Hold	88
Max Hold機能	87
Mkr→CF	37, 48
Mkr→RefLvl	37, 48
Mkr→Start	48
Mkr→Stop	48
M型コネクタ	97, 112

索　引

NF 91, 116	アクティブ・ブロック 40
N型コネクタ 33, 97, 112	アジレント・テクノロジー 16, 29, 31
PAD 95	アッテネータ 23, 51, 59, 80, 95
PeakSerch 36	アップ・コンバージョン 29
Preset 36, 41	アベレージング 35
RBW 25, 35, 40, 48, 114	異常発振 51
Resolution Band Width 25, 48	位相 17
RFアッテネータ確度 93	位相情報 17, 18
RFツートン・ジェネレータ 97	イメージ 27
S/N 116	インターセプト・ポイント 97
SHIFTキー 33	インピーダンス 33, 109
Single Side Band 70	ウォームアップ 32
SMA型コネクタ 112	液晶パネル 26
SSB 70, 87	エンド周波数 26, 33
Standing Wave Ratio 110	オーブン制御型水晶発振器 92
VBW 26, 35, 40	オシロスコープ 15
VCO 24	音声検波回路 23
Video Band Width 26	
Voltage Controlled Oscillator 24	【か・カ行】
Voltage Standing Wave Ratio Voltage 110	外部基準 92
VSWR 82, 110, 111	確度誤差 93
Width 114	カプラ 51, 59, 80, 96, 100
X端子 83	過変調 64
π（パイ）型アッテネータ 98	基準レベル確度 94
	キャリア 64
【あ・ア行】	局部発振 24, 27
アイソレーション 100	局部発振回路 24

131

局部発振周波数 75
近接スプリアス 62
グラフィック・イコライザ 21
減衰器 95
高周波ひずみ 51
工場出荷値 36
校正 112
高調波 17, 59
交流 11
コンバータ 27

【さ・サ行】

サイクル 13
最大入力可能電力 33
最大不整合誤差 93
残光式ブラウン管 26
シェイプ・ファクタ 107
時間ドメイン 16
終端型電力計 64
終端型パワー・メータ 59
終端抵抗 96
周波数 17
周波数のモニタリング 19
周波数特性 17, 75
周波数カウンタ 49
周波数ドメイン 16, 17, 18
周波数フラットネス 93
ショート・プラグ 76, 87
小電力増幅器 84
進行波 110
信号入力コネクタ 33
シンセサイザ方式 92
振幅 17

振幅測定誤差 93
振幅変調 64
スーパ・ヘテロダイン 22, 23
スーパ・ヘテロダイン方式 27
水晶フィルタ 94, 107
数字キー 38
スタート周波数 26, 33, 55
スタンバイ・スイッチ 32
スタンバイ・モード 32
ステップ・アッテネータ 95
ストップ周波数 55
スパン確度 92
スパン周波数 26, 34, 40, 43, 54, 57
スプリアス 17
スプリアス信号 59
スムージング 26
整合パッド 93, 110
正弦波 17, 52
絶対周波数測定 92
線形増幅器 94
全掃引 56
占有周波数帯域幅 72
掃引時間 33, 40
掃引速度 115
センタ周波数 26, 33, 40, 42, 53, 56
ゼロ・スパン 34, 67
相互変調歪 70
相対周波数測定 92
相対的測定誤差 94
測定下限周波数 24
ソフト・キー 38

【た・タ行】

- ターミネータ ... 96, 99
- ダイオード ... 64
- 対数スケール ... 26
- 対数表示 ... 25
- ダイナミック・レンジ ... 22, 51, 91
- 耐入力 ... 51
- タイム・ドメイン ... 16, 17, 18, 67
- 縦軸スケール ... 40
- ダミー・ロード ... 59, 96, 99
- 単側波帯 ... 17, 70
- チャタリング ... 18
- 中間周波数 ... 23, 27
- 直線スケール ... 26
- 直流 ... 11
- ツー・トーン信号 ... 70
- ツートン・ジェネレータ ... 97
- 抵抗器のネットワーク ... 23
- 抵抗分割型 ... 101
- ディジタル信号処理 ... 26
- ディジタル・フィルタ ... 106
- ディバイダ ... 96
- デシベル ... 108
- テクトロニクス ... 96
- デルタ・マーカ ... 47, 60
- テン・キー ... 38
- 電源スイッチ ... 32
- 電磁波 ... 12
- 電磁波障害 ... 19
- 同軸終端器 ... 99
- トラッキング・ジェネレータ ... 17, 39, 75

【な・ナ行】

- 内部カウンタ ... 49
- 内部妨害 ... 28
- 入力アッテネータ ... 23, 39
- 入力インピーダンス ... 92, 110
- 入力フィルタ ... 23
- ネットワーク・アナライザ ... 18
- ノーマライズ ... 75
- ノイズ ... 19
- ノイズ・フィギュア ... 91, 116
- のこぎり波 ... 24
- ノッチ・フィルタ ... 106
- ノブ ... 38, 46

【は・ハ行】

- ハイパス・フィルタ ... 106
- ハイブリッド・コンバイナ ... 100
- 波長 ... 13
- 発振回路 ... 24
- パッド ... 95
- バラン ... 102
- 反射波 ... 110
- 搬送波 ... 64, 65
- 搬送波抑圧比 ... 17
- バンドエリミネーション・フィルタ ... 106
- バンドパス・フィルタ ... 21, 24, 106
- ピーク・サーチ ... 47
- ヒート・ラン ... 41
- ひずみ ... 17, 59
- ビデオ帯域幅 ... 40
- ビデオ・フィルタ ... 26
- 表示スケール確度 ... 94

表示平均ノイズ・レベル	91
標準信号発生器	87
フーリエ変換	17
ファンクション・キー	38
不整合	93
ブラウン管	26
プリアンプ	84, 95
プリセレクタ	24, 107
フル・スパン	34
ブロッキング・キャパシタ	24
分解能可変フィルタ	23, 24
分解能帯域幅	25, 33, 40, 48, 114, 115, 116
ベクトル信号解析	18
変調度	17, 64, 65
ホイートストン・ブリッジ	102
保護回路	23
包絡線検波	25

【ま・マ行】

マーカ	36, 40
マーカ機能	46
マーカ・ポイント	37, 46, 55
マルチプル・フィルタ	22
マルチプル・フィルタ方式	21
ミキサ	23
メニュー・キー	34, 35, 38

【ら・ラ行】

リアルタイム性	21
理想増幅器	116
リターン・ロス	82, 97
リターン・ロス・ブリッジ	82, 97, 102
レファレンス	39
レファレンス出力	44
レファレンス信号	41
レファレンス・レベル	34, 54
ローパス・フィルタ	24, 80, 106
ログ・アンプ	25, 94

著者紹介

高橋 朋仁(たかはし ともひと)
1964年生まれ
1979年 アマチュア無線局 JE6LVE開局
福岡工業大学 通信工学科通信専攻卒業
第2級アマチュア無線技士

- ●**本書記載の社名，製品名について** — 本書に記載されている社名および製品名は，一般に開発メーカーの登録商標です．なお，本文中ではTM，®，©の各表示を明記していません．
- ●**本書掲載記事の利用についてのご注意** — 本書掲載記事は著作権法により保護され，また産業財産権が確立されている場合があります．したがって，記事として掲載された技術情報をもとに製品化をするには，著作権者および産業財産権者の許可が必要です．また，掲載された技術情報を利用することにより発生した損害などに関して，CQ出版社および著作権者ならびに産業財産権者は責任を負いかねますのでご了承ください．
- ●**本書に関するご質問について** — 直接の電話でのお問い合わせには応じかねます．文章，数式などの記述上の不明点についてのご質問は，必ず往復はがきか返信用封筒を同封した封書でお願いいたします．ご質問は著者に回送し直接回答していただきますので，多少時間がかかります．また，本書の記載範囲を越えるご質問には応じられませんので，ご了承ください．
- ●**本書の複製等について** — 本書のコピー，スキャン，デジタル化等の無断複製は著作権法上での例外を除き禁じられています．本書を代行業者等の第三者に依頼してスキャンやデジタル化することは，たとえ個人や家庭等の利用でも認められておりません．

JCOPY 〈出版者著作権管理機構委託出版物〉
本書の全部または一部を無断で複写複製（コピー）することは，著作権法上での例外を除き，禁じられています．本書からの複製を希望される場合は，出版者著作権管理機構（TEL：03-5244-5088）にご連絡ください．

スペクトラム・アナライザ入門

2006年9月1日　初版発行
2023年10月1日　第9版発行

© 高橋朋仁 2006
（無断転載を禁じます）

著　者　高　橋　朋　仁
発行人　櫻　田　洋　一
発行所　CQ出版株式会社
〒112-8619　東京都文京区千石4-29-14
☎03-5395-2124（編集）
☎03-5395-2141（販売）

ISBN-978-4-7898-3722-4
定価はカバーに表示してあります
乱丁，落丁本はお取り替えします

DTP・印刷・製本　三晃印刷㈱
Printed in Japan